酷威文化

图书 影视

妈妈的心灵课

孩子、家庭和大千世界

[英]唐纳德·温尼科特 著

王艳如 译

江苏凤凰文艺出版社

原版序

我认为这本书需要有个序言。本书的内容是关于母亲和婴儿、父母和孩子、学校里的孩子以及在更广阔世界里的孩子。可以说，随着孩子的成长，我的语言风格也发生了变化。孩子在成长过程中经历了婴儿时期与父母的亲密关系，还有长大后与父母的独立关系，我希望语言风格的转换能够与孩子的变化相匹配。

尽管本书的前几章都是我对妈妈们说的心里话，但我绝不是在说年轻妈妈必须要阅读育儿书籍，因为她已经足够了解自己的状况。她需要的是保护和信息，她需要的是医学所能提供的最好的身体护理，她需要的是自己熟悉且信任的医生和护士，她也需要丈夫的关爱和满意的性生活，但是她无须被提前告知做一个妈妈是怎样的体验。

我的主要观点之一是，最好的母性来自妈妈对自己为母天性的自信，与生俱来的东西和后天习得的东西是不一样的。我在本书中尝试对二者进行区分，从而帮助大家避免破坏与生俱来的东西。

我相信应该有个地方可以直接同父母们对话，因为人们都想知道婴儿早期阶段都发生了些什么。比起抽象地描写妈妈和婴儿，这样的方式使得这个话题更加鲜活生动。

每个人都想要了解自己生命的起始阶段，我认为也确实应该感到好奇。如果孩子们只是长大，然后自己成为父母，却不知道、不认可母亲在自己生命最初的时候为自己做了些什么，那可以说是人类社会的一种缺失。

我并不是在说孩子们应当感激父母孕育了自己，甚至也不是在说孩子们应该感激父母协力建立了家庭、一起管理家庭事务。我主要是关注婴儿出生前以及出生后的最初几周和几个月里妈妈与婴儿的关系。我试图让大家关注到，在丈夫的支持下，一位正常的好妈妈（ordinary good mother）在婴儿生命最初阶段的付出是对个人和社会的巨大贡献，而她做这一切仅仅是凭着对自己婴儿的爱。

妈妈的爱和她的贡献没有得到充分的认可，正是因为这个贡献太大了。如果妈妈的贡献得到认可，那就意味着任何一个有理智的人、任何一个觉得自己是世界的一员的人、任何一个珍视这个世界的人、任何一个开心幸福的人，他们都永远欠母亲一份天大的恩情。在生命最初的阶段，当我们对依赖没有任何概念的时候，我们都绝对依赖自己的母亲。

我要再次强调，我们认可母亲的贡献，不是为了感激母亲，甚至不是为了颂扬母亲，而是为了减轻我们内心的恐惧。如果我们的社会不能及时且充分认可婴儿早期对母亲的依赖（这种依赖是存在于每一个个体发展早期阶段的事实），那就一定会阻碍人们实现完满自足的健康状态，而这个阻碍就源于恐惧。如果不能真正认可母亲的角色，那就一定存在着一种不可言明的对依赖的恐惧。这种恐惧有时是害怕女性这个整体或者某个特定的女性，有时则会表现得不那么明显，但总是包含对被支配的恐惧。

不幸的是，对被支配的恐惧并不会使得一些人群避免被支配；相反，这种恐惧让他们发展成某种特定的或者命定的被支配状态。事实上，如果人们研究独裁者的心理，那就应该会发现独裁者在个人奋斗的过程中，会一直尝试控制那个他潜意识里仍在害怕被其支配的女性——他给她提供食宿、代她行事，继而要求她完全服从于自己、要求她"爱"自己，从而实现控制她的目的。

很多学习社会历史的学生曾认为，人类群体一些看似不合逻辑的行为都深深植根于对女性的恐惧，但是却鲜少有人追根溯源。追溯每个人的成长史，恐惧女性归根究底是恐惧承认生命初期依赖母亲这一事实。因此，对早期的母婴关系进行研究有着很高的社会学价值。

当下，人们常常否定母亲在婴儿早期的重要性；相反，人们会说在婴儿刚出生的几个月里，他们需要的仅仅是身体护理，因此一个护士也可以很好地承担妈妈的职责。我们甚至发现妈妈们被告知（我希望我们国家没有这样）她们一定要给婴儿母亲般的关爱，这完全是对妈妈们天然的"母性"最极端的否定。

母亲和婴儿中间横亘着许多东西，如政府、学校、医院等机构的管理要求，社会对个人卫生的极度重视，医院对身体健康的极力宣扬，还有其他类似的事情。妈妈们又不太可能联合起来抗议这些干扰因素。我写这本书就是因为必须有人替这些妈妈们行动起来，因为她们有了第一个或第二个宝宝而必然处于依赖他人的状态。我希望可以给到妈妈们支持，让她们相信自己的天性，同时对那些在父母或代理父母需要时通过自身技能提供照顾和帮助的人，我也完全认可他们的贡献，并对其表示敬意。

contents | 目录

第一部分
妈妈和婴儿

1	一个男人对母性的看法	003
2	逐渐了解你的宝宝	007
3	相信婴儿的发展潜能	013
4	婴儿喂哺	018
5	食物到哪里去了	023
6	消化过程的最后阶段	028
7	近距离观察妈妈喂宝宝	033
8	母乳喂养	038
9	婴儿为什么会哭闹	046
10	一点一滴地认识世界	057
11	把宝宝看作一个人	063
12	断奶	069
13	关于宝宝作为人的更多思考	074
14	婴儿天生的道德观	082
15	婴儿的本能和常见困难	087
16	幼儿和其他成人	092

第二部分
家庭

17	爸爸的作用	*101*
18	别人的标准和你的标准	*107*
19	什么是"正常的孩子"	*112*
20	独生子女	*119*
21	双胞胎	*125*
22	孩子为什么要玩游戏	*131*
23	偷窃与撒谎	*135*
24	独立初体验	*141*
25	对正常父母的支持	*147*

第三部分
外部世界

26	5岁以下孩子的需求	*153*
27	妈妈、老师以及孩子的需求	*162*
28	关于影响与被影响	*171*
29	教育诊断	*176*
30	儿童的害羞与神经障碍	*182*
31	学校的性教育	*187*
32	去医院看望孩子	*192*
33	关于青少年犯罪	*198*
34	攻击性的根源	*204*

The Child, The Family,
And The Outside World

第一部分

妈妈和婴儿

1
一个男人对母性的看法

首先,我不会告诉你们应该怎样做,这点你们可以放心。我是一个男人,因此我永远无法感同身受,那个躺在婴儿床上的小生命曾是你的一部分,现在却是一个独立的个体并终将长大成人,这是一种怎样的体验。只有女人会经历这些,或许也只有女人,即使由于种种原因无法怀孕生子,才能够想象个中滋味。

那么,如果我不打算给出指导的话,我还能做些什么呢?我习惯了妈妈们带着自己的孩子来见我,这时我们就会根据当下的情况来决定我们应当聊些什么。孩子会在妈妈的腿上跳来跳去,一会儿伸手去拿我桌子上的东西,一会儿在地板上到处爬;或者把书柜里的书抽出来,又或者紧紧抓着妈妈不放。他们害怕穿白大褂的医生,会以为这位医生是个吃小孩的怪物,如果他们乖乖听话,就会被吃掉;如果他们调皮捣蛋,那这个怪物还会做出更可怕的事情来。遇到年龄大一点的孩子,我会让他们单独坐在一张桌子上画画,而我则和妈妈在一旁交谈,试图拼凑出孩子的成长轨迹,找出问题的源头。孩子会一边画画一边竖起一只耳朵听着,以确保我们没有在背后讲他的坏话。这个时候即使孩子不说话,我也能从他的画里得到一些信息。

这一切是多么轻而易举,而现在,当我尝试去经由自己的想象和经历来勾勒婴儿和幼儿的时候,我的任务又发生了天翻地覆的变化!

相信你也陷入过同样的困境:面对一个几周大的婴儿,根本不知道怎么跟他去互动交流。如果你正在思考这个问题,请试着想象一下,此刻在宝宝的眼中,你是一个几岁的人类。是什么让你确信,在那个激动人心的时刻,你们就是在彼此交流的两个人。你不需要在房间忙活的时候通过不断说话的方式去回应他们,也不需要纠结于用什么样的语言去交流。不,你只需要管理好婴儿的饮食起居,而你喜欢这样做,这就可以了。你知道怎么把他抱起来,怎么把他放下,如何留他独自在婴儿床里待着,让他感受如同在你怀里一样。同时,你需要根据室内温度去给他增减衣物。说实话,这些事情,从你玩过家家开始,你就已经学会了。另外,你还会为孩子做一些特定的事情,比如给宝宝喂奶、洗澡、换尿布和拥抱。有时候尿液会顺着你的围裙流下来,或者直接洒到你身上,把你弄得狼狈不堪,而你对此并不介意。通过这些事情,你知道你是一个女人,一个平凡且尽职的母亲。

我说这一切,就是为了让你知道,作为一个男人,我虽然没有被孩子的哭闹和粪便折磨过,也没有感受过妈妈照顾孩子的责任和压力,也没有体尝过生活的艰辛不易,但我清楚地知道,妈妈们在亲历其中的种种,并且她不想错过这宝贵的体验。如果读到这里,你能理解我说的,我想你会很乐意让我谈谈如何做一个平凡尽责的妈妈,如何照料襁褓中的婴儿。我无法直截了当地告诉你该干什么,但我能告诉你这一切意味着什么。

你自然而然地做着这些平凡却又十分重要的事。它的美妙之处就在于你无须聪明绝顶,甚至不用去思考自己是否想做。也许你在上学的时候,数学成绩不尽如人意;或者你的朋友都拿到了奖学金,但你由于不喜欢历史,所以分数不及格,很早就辍学了;或者你没有在考试之前得荨麻疹,所以你取得了优异的考试成绩;又或者你可能真的很聪明。这一切都无关紧要,与你能否成为一个好妈妈并没有任何关系。孩子能照料洋娃娃,你也能当好一个平凡尽职的妈妈,我相信你大部分时候都能做到。你也许会问,育儿如此重要,却不取决于是否有聪明的头脑,这一点难道不奇怪吗?

我们知道,婴儿最终要成长为健康、独立、有社会意识的成年人,绝对需要一个良好的早期养育。但这个养育的品质,本质上是由妈妈和婴儿之间的纽带决定的,这个纽带就是爱。所以,如果你爱你的孩子,你的孩子就已经得到了最好的早期养育。

我说的"爱"并不是指过分在意宝宝。有的人会说"我很喜欢宝宝",但你确定他们真的爱宝宝吗?母爱是自然而然的事情,其中包含占有欲、渴望,甚至还有"讨厌孩子"的情感元素;母爱中也有慷慨、力量和谦逊,但多愁善感的喜欢不在其中,且被母亲们所厌恶。

我们回到正题。或许你是一个正常的好妈妈,而且你享受其中,没有别的想法。艺术家往往讨厌思考艺术是什么及艺术之目的,同样,作为一个妈妈,你或许也不想细思做妈妈这件事。所以我要提醒你,在这本书中,我们正是要讨论一个正常的好妈妈会自然而然去做的那些事情。不过,个别妈妈也会去思考她们在做的事情。或许你们当中的一些人已经养育过孩子,你们的孩子已经长大去上学了,那么你或许会想要回头去看看自己做过的那些好的事情,思考一下自己是如何给孩子的发展奠定了一个好的基础。如果你是凭着直觉做了这一切,这或许就是最好的方式。

我们需要了解那些在乎宝宝的人所扮演的角色,这种了解至关重要,它能够保护妈妈,让妈妈免受那些干扰因素的影响。如果妈妈不知道自己已经做得很好了,她就没办法坚持自己的立场。妈妈如果尝试按照别人说的去做,或者照搬她自己的妈妈的做法,或者把书本上的做法照单全收，反而会很容易毁掉她作为妈妈的角色。

爸爸们也参与其中，不仅是因为他们可以在有限的时间里承担好妈妈的工作，也因为他们能够帮助保护妈妈和宝宝免受干扰因素的影响，建立亲子关系的纽带，而这个纽带正是育儿的精华和本质所在。

在后面的内容中，我会特别描绘一个好的妈妈会如何爱自己的宝宝。

关于刚出生的婴儿，我们还有很多需要学习的地方，或许只有妈妈们才可以告诉我们这些内容。

2
逐渐了解你的宝宝

一个女人从怀孕起,她的生活就在很多方面发生了改变。在此之前,她或许是一个兴趣广泛的人,或许她对做生意有兴趣,或许热衷政治,或许爱打网球,也或许一直想要成为一个舞者。或许她看不上有孩子的朋友们的生活,认为她们的生活单调乏味,因为她们只能整天围着孩子转。或许她确实对清洗和晾晒尿布这样的家务琐事烦不胜烦。即便她真的曾经对孩子有过兴趣,那她的兴趣也只是在情感层面而不是在实操层面。但是一段时间之后,她自己也怀孕了。

一开始,她很可能无法接受这个事实,因为她心知肚明,这对她"自己"的生活会产生多么可怕的影响。这样的影响确实存在,任何人如果想要否认这个事实,都只会显得愚不可及。孩子会带来许多麻烦,除非你真的想要孩子,否则他们就是彻头彻尾的烦人精。如果一个年轻的女性还没有做好准备就怀孕了,那她难免会觉得自己太不走运了。

然而经验表明,这个怀孕的女性,不仅身体会逐渐变化,她的感情也会逐渐发生改变。不知道我这么说是否恰当,但她的兴趣逐渐变得狭窄。可能更恰当的说法是,她的兴趣逐渐从外部转向内部,她逐步而又坚定地认为世界的中心在自己的身体里面。

可能一些读者刚好处于这个阶段,开始对自己有些自豪感,觉得自己是值得尊重的，觉得在人行道上人们自然应该给自己让路。

当你越来越确信自己很快就要成为一个母亲，你开始像俗语说的那样，把所有的鸡蛋都放在一个篮子里。你开始冒险，容许自己只关心一个客体——那个即将出生的小男孩或小女孩。这个小男孩或小女孩将成为你最珍爱的人，而你也将是他/她最重要的人。

在成为一个妈妈的道路上，你经历了很多，我认为正是因为你经历了那么多，所以你才能特别清楚地知道照顾婴儿的基本原则。我们这些不是妈妈的人可能要花上几年的时间，才能了解你在自己的自然经历中所学到的东西。但是你也很可能需要我们这些研究者的支持，因为你会不可避免地遇到迷信或者陈旧的思想，也许甚至是超前的思想，让你怀疑自己的真实感受。

我们来思考一下，心智健康的妈妈所了解的关于婴儿的事情里，究竟哪些无比重要，却又容易被那些旁观者所遗忘。我认为最重要的是你总是觉得你的宝宝是值得作为一个真正的人去被了解的，而且是值得从最早的时刻就开始去被了解的。那些来给你建议的人，没有人能像你自己这样了解这一点。

哪怕还在子宫里的时候，你的宝宝就已经是一个独一无二的人了。到他出生的时候，他已经有了很多愉快或不愉快的经历。当然，人们很容易在一个新生婴儿的脸上读出并不存在的东西；尽管不可否认，有些宝宝有时候可能看上去很有智慧，甚至有一些哲思。但我如果是你的话，我不会等着心理学家来确定一个刚刚出生的宝宝到底有多少人性，我会直接去了解这个小人儿，也让他/她了解我自己。

从宝宝还在你子宫里时，你就已经学会根据宝宝的动作判断宝宝的性格了。如果宝宝动得多，你会想人们常说的"男孩子比女孩子更好动"，这句话究竟对不对。无论如何，你都为胎动初期的真实的生命迹象和其所带来的活力而开心。我猜想在这段时间，宝宝也渐渐对你有了很多了解。他分享着你的餐食。当你早上喝了一杯好茶或者当你跑着去追赶公交时，他的血液流动得更快了。从某种程度上来说，无论你何时感到焦虑、兴奋或生气，他都一定知道。如果你活泼多动，那他也一定习惯了运动，他将来可能会在你腿上跳动或者在摇篮里摇晃小胳膊、小腿儿。反之，如果你是一个安静的人，那他也就平和安静，他将来可能会在你的大腿上或摇篮里安静地待着。从某个角度来说，我想他对你的了解比你对他的了解更多，直到他降生之后，你听到他的哭声，看着他，把他抱在怀里。

　　婴儿和妈妈在生产之后的状况非常不同。可能你和你的宝宝在生产后的两三天后身体才恢复过来，才能享受彼此的陪伴。但是一旦你们的身体恢复，就没有理由不去立刻开始了解彼此。我认识一个妈妈，她很早就开始跟自己的宝贝儿子接触，那也是她第一个孩子。从孩子出生那天起，每次喂哺之后，他就会被放在摇篮里，由育儿所里的护士长放在妈妈床边。之后的一段时间，他没睡着的时候会躺在安静的房间里，妈妈会把手放在他身上；在他还不到一周大的时候，他就开始抓住妈妈的手指，看向妈妈的方向。这种亲密的关系一直没有被打断，持续发展了下去。我相信这为孩子人格的形成、情绪能力的发展，以及承受生命中不可避免的挫折和意外的能力等方面打下了良好的基础。

　　在你与宝宝的早期接触中，影响最大的将是喂奶时的接触，也就是在宝宝最兴奋的时候。那时你或许也是兴奋的，或许你的乳房会有一些感觉，这个感觉提示着你是处于一种有益的兴奋中，你在准备给宝宝喂奶。如果宝宝一开始就能够接受你和你的兴奋，那他是幸运的，因为这样他就能感受和应对他自己的冲动和欲望。不然的话，依我看来，当一个婴儿发现伴随着兴奋而来的感受时，他会感到十分惊恐。你有这样去思考过吗？

　　由此你会发现，你必须要了解你的宝宝在两种状态下的情况：

一个是当他得到满足、多少不那么兴奋的时候,另一个是当他兴奋的时候。起初,当他不兴奋的时候,他大多数时间都在睡觉,但并不是所有的时间,那些宝宝醒着却又安静的时刻是很宝贵的。我知道一些宝宝很少感到满足,他们一直哭,表现出痛苦的样子,哪怕是在喂奶之后也是如此,而且他们不易入睡。这种情况下,妈妈很难与宝宝进行满意的接触。但是这样的情况可能会随着时间有所缓和,宝宝会有满足的时候。或许在洗澡的时候,妈妈就有机会开始和宝宝建立亲子关系。

你需要了解满足状态下和兴奋状态下的宝宝,原因之一在于他需要你的帮助。除非你能够了解他当下的状况,不然你就无法给到他帮助。他会从睡眠或清醒时的满足状态过渡到全面的贪婪攻击状态,这种过渡期十分可怕,他尤其需要你帮忙应付。除了照顾宝宝的日常吃喝拉撒之外,这可以说是你作为妈妈的第一个任务。这个任务需要大量技巧,只有宝宝的妈妈才可以掌握,除非有一个出色的女性在宝宝出生后的几天里就领养了他。

例如,宝宝出生时脖子上并没有挂着一个闹钟,指引着他们每三个小时喝一次奶。定时喂奶对妈妈或者护士来说是方便的,从宝宝的角度来说,除了想喝就喝,定时喂奶可能是最好的,但是宝宝不一定一开始就想要定时喂奶。事实上,我认为婴儿期望的是,自己想要乳房时它就出现,自己不想要时它就消失。在采用一个比较严格、自己方便的喂奶时间表之前,妈妈可能要在短时间内以一种比较机动的方式来给宝宝喂奶。不管怎样,当你开始了解你的宝宝时,你需要知道他一开始有怎样的期待,哪怕你决定不让他如愿。如果你全然了解你的宝宝,你会发现只有当他处于兴奋状态时,他才会展现出天性中如此蛮横的一面。在其他的时间里,他往往因为发现乳房或奶瓶背后的妈妈、妈妈背后的房间、房间背后的世界而感到非常开心。虽然在喂哺宝宝的时候有很多需要了解的,但在后面的内容里，你会发现我其实建议，当宝宝在洗澡时，或躺在婴儿床上，或当你给他换尿布时，你可以了解他更多。

如果你还需要护士的照顾，我希望她能够理解我，不要觉得我是在干涉她的工作，但我确实认为如果你只能在喂奶的时候接触到宝宝的话，那其实对你不利。我理解，你需要护士的帮助，你的身体还没有恢复到可以自己照顾宝宝。但是如果你不了解你的宝宝睡觉时的样子，或者躺在那里对世界万分好奇的样子，当他仅仅在需要喝奶时被交给你，你一定会对他有着奇怪的印象。此时的宝宝只是一个内心没有得到满足的人，当然，他是一个人，但他的内心有着暴怒的狮子和老虎。几乎可以肯定，他会被自己的感受吓到。如果没有人跟你解释过这些的话，你可能也会被吓到。

相反，如果通过观察躺在身边的宝宝、容许他在你的臂弯或你的怀抱中玩耍，你已经了解了你的宝宝，那你就会看到他的兴奋是适度的，并把这种兴奋当成是一种爱的表达。当他把头扭向一边拒绝喝水时——就像不愿喝水的牛一样，或者当他在你的臂弯里睡着而不是努力喝奶时，抑或当他变得焦躁而不能好好喝奶时，你也能够理解究竟是怎么回事。他只是对自己的感受感到害怕，而此时只有你可以用自己最大的耐心帮助他。你要允许他玩耍，允许他含着你的乳头，也可能是抓着你的乳头，允许他做任何能让他开心的事情，直到最终宝宝重拾信心，愿意再尝试吮吸乳头。这对你来说并非易事，因为你也要考虑自己——你的乳房要么太涨，要么等宝宝吸吮之后才能开始分泌乳汁。但是如果你知道宝宝在经历些什么，你就能够度过这个艰难的时刻，让你的宝宝在喝奶时跟你建立良好的关系。

宝宝也不是没有头脑的。如果你知道那种兴奋对他而言就像是我们被放在一窝狮子中的感受一样，那你就能理解他为什么在喝你的奶之前想要先确定你是一个可靠的喂奶人。如果你让他失望，那对他来说一定像是那群野兽要狼吞虎咽地把他吃掉。给他一些时间，他会了解你，你和他最终都能渐渐珍视他对你的乳房的爱，哪怕是贪婪的爱。

我认为年轻妈妈应该尽早与自己的宝宝接触，很重要的一个原因在于，它给了妈妈一种确信，确信自己的宝宝是正常的（无论这意味着什么）。如我所言，可能你第一天的时候因为刚刚生完孩子而精疲力竭，还没有办法和自己的宝宝交朋友，但是你应该知道，一个妈妈想要在生产之后立刻开始了解自己的宝宝，这是完全正常的。这不仅是因为妈妈想要了解宝宝，也是因为她在孕期一直担忧自己的宝宝不正常，或者不完美——这也是为什么这件事对于妈妈来说这么急切的原因，好像人类很难相信自己能够创造出那么美好的事物。我怀疑是不是所有的妈妈在最初时都不真正地、全然地相信自己的宝宝。爸爸也会有这样的担忧，因为爸爸们也像妈妈们一样怀疑自己能不能创造出一个健康、正常的宝宝。因此，了解自己的宝宝确实是一件很急迫的事情，因为父母双方在看到正常的宝宝后都会释然。

在此之后，你会出于爱和自豪而想要了解自己的宝宝。然后你会事无巨细地去研究他，从而让自己能够在他需要时帮助他。宝宝只能从最了解他的人那里获得这样的帮助，也就是从你——他的妈妈，那里获得。

所有这一切意味着照顾一个新生儿是一份全年无休的工作，而只有一个人能够做好这份工作。

3
相信婴儿的发展潜能

目前为止，我一直在概述妈妈和宝宝们的普遍情况。我并没有告诉妈妈们应该怎么做，因为她们可以很容易地从福利中心得到具体细节上的建议。事实上，妈妈们太容易获得细节方面的建议了，反而有时会感到茫然无措。因此我不会提供细节建议，而是选择写给那些本就好好照顾宝宝的妈妈们，期望帮助她们了解婴儿是怎样的、向她们展示婴儿的世界在发生些什么。我希望妈妈们了解得越多，就越敢于相信自己的判断。只有当一个妈妈相信自己的判断时，她才是处于做妈妈的最好状态。

对于一个妈妈来说，做自己想做之事的体验当然是极其重要的，这能让她发现自己内心对孩子丰沛的母爱。正如作家在提笔时会发现自己文思泉涌，妈妈也在与宝宝每分每秒的接触中不断发现做妈妈这件事之中丰富的内涵。

事实上，有人可能会问，如果不是全面承担起养育的责任，妈妈又怎能学会做一个妈妈呢？如果她只是按照被人告诉她的方式做事，那她就要一直那么做下去，除非有另一个更好的人来指点她，否则她不会有所提升。但如果她可以按照令自己自在的方式来做，她就会越做越好。

这时爸爸就可以帮上忙了。他可以提供一个让妈妈自由行动的空间。如果爸爸保护好了妈妈，妈妈就可以不用在这段时间里处理外界的事务，而是专注于家庭，专注于这个她用双臂围成的小圈子，专注于这个圈子中心的小宝宝。妈妈会在这段时间里全身心地照顾宝宝，但这段时间不会持续很久。在最初的时间里，妈妈与宝宝的接触非常重要，我们一定要尽己所能地让妈妈能够专注于自己的宝宝。

事实上，这样的经历不仅对妈妈有好处，毫无疑问宝宝也需要这样的接触。人们最近才刚刚开始意识到新生婴儿多么需要妈妈的爱。成年人的健康是通过整个童年期间建立起来的，而人类健康的基础是妈妈在婴儿期最初的几周和几个月里打下的。或许妈妈们在因为自己暂时对世界事务失去兴趣而感到奇怪时，这个想法能够有所帮助。你在给我们未来的社会成员的健康奠定基础，这是一件值得做的事情。奇怪的是，人们往往认为孩子的数量越多，照顾起来的难度就越高。实际上我确信孩子的数量越少，情绪压力越大。专注于一个孩子是最费力的，好在这个工作只会持续一段时间。

现在，你所有的鸡蛋都在一个篮子里。你要做些什么呢？尽情享受吧！享受被人重视的感觉；享受其他人处理外部事务而你专心孕育新生命的感觉；享受专注于自己甚至爱上自己的感觉——婴儿几乎就是你自己的一部分；享受丈夫肩负起让你和宝宝幸福之使命的感觉；享受发现自己的新变化；享受比以往任何时刻都更加有权利去做你想做的事情；享受宝宝哭喊着不肯接受你的乳汁时你的厌烦；享受各种你完全没有办法向一个男人解释的女性的感受；尤其重要的是，我知道你会享受那些逐渐出现的迹象，那些证明宝宝是一个人类以及宝宝正逐渐把你当成一个人的迹象。

为了你自己，好好享受这一切。不过，你从照顾婴儿的一片混乱中所能得到的愉悦，恰恰是对婴儿至关重要的。宝宝不想要在正确的时间被给予正确的喂哺，而是想要一个爱给宝宝喂奶的人来喂哺自己。婴儿把一切事物都当成是理所当然的，比如衣服就应该柔软，洗澡水的温度就应该正好。不能被视作理所当然的是妈妈在给婴儿穿衣、洗澡时的愉悦。如果你正享受着这一切，那对婴儿来说，就像是太阳为他升起一样。妈妈一定要在这个过程中感到愉悦，否则整个过程就是死气沉沉、无用和机械的。

这种自然而然的享受当然会被你的忧虑所干扰，而忧虑很大程度上源于无知。它其实很像生产时的放松方法，这个方法你可能已经读过。这类书籍的作者们会尽他们所能地解释怀孕和生产时会发生些什么，这样妈妈们才能放松，不再对未知感到忧虑，从而让这个过程自然发生。因此，生产的痛苦并不源于生产这件事本身，而是源于因为恐惧而带来的紧张感，而这个恐惧主要是对未知的恐惧。如果有人把这一切跟你解释清楚，而你又有好的医生和护士在旁帮助你，你就可以忍受不可避免的疼痛了。

同样，孩子出生后，你从照顾孩子这件事情上所得到的愉悦，依赖于你不会因为无知和恐惧而感到紧张、忧虑。

在本书中，我想要给妈妈们一些信息，让她们更加了解婴儿的世界里在发生着什么，从而让她们知道，婴儿正是需要那些妈妈们在放松、自然和专注状态下所做的事情。

我会介绍婴儿的身体和内心世界，也会讨论婴儿发展成为一个人的过程；我会讨论你该怎样一点一点地让宝宝认识这个世界，从而不会让宝宝感到困惑。

现在我要先明确一点，那就是你的宝宝的成长和发展并不依赖于你。每个婴儿都有着发展的潜能，每个婴儿都有着充沛的生命力，这种对于生活、成长和发展的渴望是婴儿与生俱来的一部分，它以一种我们不必理解的方式蓬勃发展。这就好像如果你在窗台上的花盆里放了一株水仙花球茎，你会很清楚地知道你不必费力让这株植物长成水仙花。你给它提供合适的土壤，定期给它适量浇水，余下的会自然发生，因为这株植物有它自己的生命。当然，照顾一个婴儿比照顾一株水仙花要复杂得多，但是这个比喻可以很好地解释我的意图，因为不管是一株水仙还是一个婴儿，它们内部发生的一些事情是你没有办法负责的。从你怀上宝宝的那刻起，他就借住在你的身体里。出生后，他就借住在你的怀抱里。这都是暂时的，不会一直持续下去，事实上都不会持续很长一段时间。他很快就会去上学。只是当下，这个小小的借住者，他的身体那么的幼小而脆弱，他需要你的爱来给他特别的呵护，但这并不能改变宝宝与生俱来的生命力和成长的意志。

我不知道你在听到有人这么说的时候，是否稍微觉得释然。我认识一些妈妈，她们因为觉得自己有责任让宝宝活力充沛，因而无法享受做母亲的快乐。如果宝宝睡着了，她们就会走到宝宝的小床边，希望他能够醒来，展现出一些生命力的迹象。如果宝宝有些沉闷，她们就会逗宝宝玩，戳宝宝的脸，希望宝宝能够露出笑脸，而这对宝宝来说当然毫无意义——笑也只是生理反应而已。这样的人总是让宝宝在自己的腿上上下跳动，希望宝宝能够发出咯咯的笑声，或者发出任何其他能让她们自己觉得宝宝内在的生命过程在继续的征兆，这样她们才能安心。

一些孩子哪怕在刚出生的时候也从不被允许躺着、什么也不做。他们会因此失去很多，甚至可能会丧失想要活下去的欲望。在我看来，如果我能向你解释清楚，宝宝的身体里真的有一个生命的成长过程（事实上这个过程很难停止），或许你就更能够去享受照顾宝宝这件事本身的乐趣。归根结底，生命更依赖于呼吸而不是生的意志。

有些妈妈可能创作过艺术作品。你可能画过素描或油画，也可能做过泥塑，或者织过毛衣、做过裙子。你在做这些的时候，最终的作品是你创造出来的。婴儿则不然。婴儿会自己成长，而你是提供持续性成长环境的妈妈。

一些人似乎认为婴儿是陶艺人手中的黏土。她们开始塑造婴儿，觉得自己要为最终的成果负责。这大错特错。如果你有这样的想法，那你就会被自己本不需要承担的责任压得喘不过气来。如果你能相信宝宝自身的发展潜能，那么你就可以不再关注宝宝在成长过程中会发生什么，而去自在地享受回应他的需求。

4
婴儿喂哺

从 20 世纪初开始，人们针对婴儿喂哺领域进行了诸多研究。医生和心理学家们写了很多书和不计其数的科研论文，这些都增加了人们对于婴儿喂哺的认识。其结果是，我们现在能区分两类概念：一类是身体、生物或者物质方面的，这些没有人可以凭直觉、不经深入的科学学习就理解的；另一类是心理的，这些人们一直可以凭感觉或者简单的观察理解的。

比如说，究其根源来讲，婴儿喂哺事关母婴关系，是两个人之间的爱的关系的实践表现。然而这个观点曾经很难被人接受（尽管妈妈们觉得确实是这样），直到针对这个问题的生理方面的研究扫清了许多障碍。在人类历史的任何一个阶段，一个过着健康生活的妈妈一定会很自然地想到婴儿喂哺就是她和宝宝之间的关系。但是同时也有一些妈妈，她们的宝宝死于腹泻或其他疾病；她们不知道是某种细菌害死了自己的宝宝，因此她们十分确信是自己的乳汁有问题。婴儿的患病和夭折让妈妈们对自己失去了信心，因此去寻求权威的建议。无数生理疾病以无数种方式让妈妈们看待问题的视角更加复杂了。事实上，正是因为身体健康和生理疾病方面的知识取得了重大进展，我们现在才可以回到核心的问题上，也就是情感状况——妈妈和婴儿之间的情感连接。如果想要顺利喂哺，那么就一定要发展出令人满意的情感连接。

现在医生们对佝偻病有了足够的了解，因而可以预防它的发生；他们对感染的危害有了足够的了解，因而不再像过去面对产后婴儿的淋球菌感染时那样茫然无措；他们对结核杆菌感染的牛的牛奶有了足够的了解，因而能够预防过去常见且致命的结核性脑膜炎；他们对坏血病有了足够的了解，因而也几乎消灭了这种疾病。因此，医生们现在医术高超，能够根治身体疾病和紊乱状况，而对于我们这些关心情感状况的人来说，尽可能清楚地解释那些每一个妈妈都会面临的心理问题，突然就变得非常迫切了。

诚然，我们现在还不能解释清楚刚生完宝宝的妈妈们所面临的心理问题，但是我可以在此做出尝试，妈妈们可以参与进来。如果我有说错的地方，妈妈们可以纠正；如果我有所遗漏，妈妈们可以帮忙补充。

我姑且一试。如果我们在考虑的是健康的妈妈，她和丈夫组建了一个正常、和谐的家庭；如果我们假设宝宝出生在一个恰当的时间而且出生时健康状况良好，那事情就简单了：婴儿喂哺只是母婴关系的一个部分，一个较为重要的部分。妈妈与新生婴儿准备好了要通过强大的爱的力量连接在一起，在让自己的情感经受这么大的风险之前，他们当然必须要先了解彼此。一旦他们已经彼此了解（他们可能会立刻就能彼此了解，也可能要经历一番磨难才能做到），他们会彼此依赖、彼此理解，喂哺就是水到渠成的事情了。

换句话说，如果妈妈和婴儿之间的关系已经开始建立且正在自然地发展，那么就不需要什么喂哺技巧，不需要频繁地给婴儿称体重或者检查；他们自己就比任何外人都知道什么是更好的。在这种情况下，婴儿就会以恰当的速度吸吮适量的乳汁，也知道什么时候该停下来。同时，婴儿的消化和排泄不需要由外人来照看。就因为情感关系的自然发展，整个生理过程就可以顺利运行。我甚至可以更进一步地说，这种情况下的妈妈可以从自己的宝宝身上来学习婴儿这种生物，就像婴儿从她这里可以了解妈妈一样。

这种妈妈与婴儿之间亲密的身体和精神连接所带来的愉悦感是这么的美好，可真正的麻烦在于，当某些人说不能沉溺于这种情感之中的时候，妈妈们就很容易受到他们的影响。婴儿喂哺这个领域当然会存在一些反对者！他们想要让婴儿一出生就和妈妈分开，长此以往，孩子不仅失去了妈妈，最终甚至失去了感受到妈妈回来了的能力（比如通过闻到妈妈的气味）。他们想要在宝宝喝奶的时候把他包裹起来，让他不能抓住乳房或奶瓶，结果就是他只能通过说"好"（吮吸）或者"不好"（转头或睡觉）来参与喂奶这个过程！他们想要一开始就严格按照时钟来给宝宝喂奶，如此一来，宝宝就无法感受到在自己和自己的欲望之外还有别的东西！

在自然状态下（我是说在妈妈和婴儿都身心健康的状况下），喂哺技巧、数量和时间安排都可以顺其自然。也就是说，在实践中，妈妈可以容许宝宝在自己力所能及的范围内做一些决定，因为妈妈完全可以提供相应的照顾和乳汁，来满足宝宝的需求。

可能有人并不赞同我的观点，因为很多妈妈都有个人困难，或者忧虑，从而需要外界的帮助；而且，也肯定有一些会忽略宝宝或者对宝宝很残忍的妈妈。然而在我看来，只要了解了这些基本事实，即使是那些一直知道自己需要建议的妈妈们也能从中获益。如果这样的妈妈想要处理好自己与第二个或者第三个宝宝的早期接触，那她就一定要知道她在照顾第一个宝宝时的目标是什么，尽管那时她需要很多帮助。其实，她的目标是在照看自己宝宝的过程中，不依赖于外部建议。

我认为自然的喂哺是在宝宝想要的时候就给他喂奶，宝宝不想要的时候就停止给他喂奶，这是基础。在此基础上，也只有在此基础上，婴儿才能开始向妈妈妥协。第一个妥协就是接受规律可靠的喂奶时间，比如每三小时喂一次奶。这个时间对妈妈来说是方便的，对宝宝来说，只要他能够调整自己，每三个小时就规律地感到饥饿，那这样的时间也能够满足他自己的欲望。如果三小时的间隔对于宝宝来说太久，宝宝就会感到痛苦。而恢复信心的最快方法就是妈妈在宝宝所要求的新时间来给他喂奶，当宝宝能够忍受之后再回到一个合适而规律的喂奶时间。

这个方式可能也显得非常没有章法。一些妈妈可能已经被教育，一开始就要有规律地每三小时喂一次奶，培养宝宝规律的生活习惯。如果让她们像吉普赛人那样来喂哺自己的宝宝，她们自然会觉得很奇怪。如我前面所说，她们很容易被喂哺过程中美妙的愉悦感吓到，而且觉得从那天起，不管什么出了差错，她都会被公婆叔嫂和邻里们责怪。主要的问题在于，妈妈们很容易就会被养育宝宝的责任压垮，所以她们更愿意遵守各种行为准则和规范，这些准则和规范让生活哪怕只是面对琐事烦扰时也少了一些风险。然而从某种程度来说，这应该归罪于医疗和护理行业。不过，我们必须要尽快清除妈妈和宝宝中间的任何障碍。哪怕是自然喂奶这样的想法，如果它因为权威说是好的而变成了人们刻意追求的目标，那它也会变成有害的。

有些理论认为，必须尽早开始训练宝宝。事实是在宝宝接受外部世界并向它妥协之前，任何对宝宝的训练都是不合时宜的。而接受外部现实的基础就是在最早的一小段时间里，妈妈很自然地顺从宝宝的欲望。

我并不是在说我们不需要婴儿福利中心，让妈妈和婴儿们自己来处理基本饮食、维生素、疫苗、如何恰当地清洗尿布等诸多问题。我想说的是，医生和护士的目标应当是很好地处理生理层面的问题，从而不让这些因素打扰微妙的母婴关系发展机制。

当然，如果我是在跟替妈妈们照顾婴儿的护士们谈话，那我对她们所经历的困境和失望也有很多要说的。我的已故朋友梅雷尔·米德莫尔（Merell Middlemore）医生在她的《哺乳的母子》（The Nursing Couple）一书中写道：

> 护士们粗心大意有时候可能是因为紧张，这也不奇怪。她全程陪伴着哺乳中的母子，见证了每次喂哺的成功与失败，到最后，他们的利益就是她自己的利益。她可能难以忍受看着妈妈笨拙地想要去喂哺自己的孩子，最后甚至可能觉得自己不得不干涉一下，因为她觉得自己能做得更好。事实上，她自己的母性被激起之后，并没有强化妈妈的母性，而是在与之竞争。

阅读我写的文章的妈妈们，千万不要因为自己在最初与某一个孩子接触的过程中有一些失败而感到沮丧。失败背后有很多可能的原因，你们还可以在以后的日子里做很多事情来弥补之前做错的或错过的事情。但是在喂奶这项妈妈们最重要的任务上，如果想要支持那些能够成功或者正在取得成功的妈妈们，就不得不冒犯另一些妈妈了。不管怎样，我一定要冒着可能伤害一些身处困境的妈妈的感情的风险，来传达我的观点——如果一个妈妈在自己处理她与宝宝的关系，那她就是在为宝宝、为自己、为社会尽自己最大的力量。

换句话说，一个孩子能否与父母、与其他孩子以及最终与社会建立关系，其唯一真正的基础在于他是否能成功建立自己生命中第一个关系——他与妈妈的母婴关系。母婴关系只关乎孩子与母亲的两人互动，不关乎其他，甚至不在于是否有规律的喂奶时间以及是否必须要亲喂。在人类事务中，复杂的事情只能从简单的事情发展而来，孩子与外界的关系亦是如此。

5

食物到哪里去了

当婴儿觉得饥饿的时候,他们体内的某种东西开始苏醒,并即将占有他们。你自己开始发出与准备喂哺相关的某些声音,而宝宝知道这个声音是一个信号,预示着自己可以任由对食物的渴望疯长成为一种极大的欲望。你可以看到宝宝流口水,因为宝宝不会吞咽自己的口水——他们通过流口水来告诉世界,他们对能用嘴抓住的东西感兴趣。当然,这只是说明宝宝开始进入兴奋状态,尤其是口腔的兴奋。他们的双手也开始寻求满足。因此,当你给宝宝食物的时候,你在满足一种对食物巨大的渴望。宝宝的嘴巴做好了准备,他的双唇此刻非常敏感,这种敏感有助于给宝宝提供一种高度快感,而这种快感是宝宝在以后的人生中再也体会不到的。

妈妈会主动适应宝宝的需要,因为妈妈喜欢去适应宝宝的需要。她对宝宝的爱,让她能小心地调整喂奶的方式或时间等细节,而其他人则认为不值得,或者不明白这样做的用意。无论是亲喂还是奶瓶喂,宝宝的嘴巴都会变得非常活跃,乳汁就从你的身体或者奶瓶里流进宝宝的嘴巴里。

人们普遍认为亲喂的宝宝和瓶喂的宝宝是有差异的。亲喂的宝宝喝奶时会含到乳头的根部,用牙龈去咬。这可能会让妈妈非常疼痛,但是这个咬合的压力会把乳头里的乳汁挤压到嘴巴里,然后宝宝就可以咽下乳汁。瓶喂的宝宝则需要采用一种不同的技巧。对他们来说，重点在于吮吸，而吮吸在亲喂的过程中则是一件相对次要的事情。

一些瓶喂的宝宝需要奶嘴上的洞开得很大，因为在他们学会吮吸之前，他们得不用吮吸就能喝到奶。还有一些瓶喂的宝宝能够直接开始吮吸，如果奶嘴上的洞太大的话，他们就会招架不住。

比起用乳房来喂奶，用奶瓶需要你更加有意识地调整自己的做法。亲喂的妈妈更放松，她会感受到血流涌向乳房，乳汁就产生了。而当她用奶瓶喂奶的时候，她就一定要保持警觉。她要不断把奶瓶从宝宝的嘴里拿出来，让空气进入奶瓶，否则奶瓶里面的气压越来越小，宝宝就喝不到奶了。她要把奶冷却到恰当的温度，然后把奶瓶放到自己的胳膊上来测试温度是不是可以了；她要在自己身边放一罐热水，以免宝宝喝得太慢，奶变得太凉了。

接下来，我们就要关注奶水被宝宝吃进去以后会发生什么了。可以说，宝宝直到把奶水吞下去的那刻都很了解奶水。奶水进入宝宝的嘴巴，给嘴巴一种特定的感受，而且有一种特定的味道，这当然让宝宝非常满足。然后宝宝咽下奶水，这意味着从宝宝的视角来看，奶水几乎是消失了。从这个角度来说，拳头和手指的感觉要更好一些，因为它们一直都在那里，宝宝随时可以使用。但是，咽下去的食物并不是完全消失了，只要它还在宝宝的胃里。食物还可以从胃里回到口腔。宝宝们似乎了解自己胃的状态。

你可能知道，胃是一个小器官，它的形状就像宝宝的奶瓶，横在肋骨下方。它还是一团相当复杂的肌肉，能力绝佳，能够做妈妈为宝宝做的事情，那就是适应新的情形。胃会自动视情况进行调节，除非它受到了兴奋、恐惧或焦虑情绪的干扰。正如妈妈天然是好妈妈，除非她们紧张焦虑。它就像是宝宝内部的小小好妈妈。当宝宝感觉放松的时候，这个我们称之为胃的肌肉发达的容器，就能够很好地运行。也就是说它能够在内部保持着特定的张力,同时维持外部的形状和位置。

奶水到胃里之后,暂且被留存在那里,之后就是一系列我们称之为消化的过程。胃里面一直有液体,即消化液,胃的上部一直有空气。这里的空气对妈妈和宝宝来说有着独特的用处。当宝宝吞咽乳汁的时候,胃液就会增多。如果你和宝宝都很平静,胃壁就能自己适应内部的压力,肌肉松弛一点,胃就变大一点。但是宝宝通常会有些兴奋,因此胃要花一些时间来适应。胃内暂时增大的压力会让宝宝不舒服,快速摆脱这种不适的方法是通过打嗝排出一些气体。因此,在给宝宝喂完奶之后或者甚至是在喂奶的中途让宝宝打嗝排气,是个不错的主意。如果竖抱着宝宝让他打嗝,那就更容易只嗝出气体,不会吐奶。这就是为什么你会看到妈妈们把宝宝放在自己的肩膀上,轻轻地拍打宝宝的背,因为拍打宝宝的背会刺激胃部肌肉,让宝宝更容易打嗝。

当然,宝宝的胃常常很快地适应了喂奶,很轻易地就接受了乳汁,所以一点也不需要打嗝。但是如果宝宝的妈妈自己处于一种紧张的状态(妈妈有时就是会紧张),那宝宝也会进入一种紧张的状态,这样的话宝宝的胃就需要更长一段时间来适应内部食物的增多。如果你了解了胃是怎么工作的,你就能很轻易地帮宝宝排气。你就不会因为一次喂哺和另一次很不一样,或者一个宝宝在排气的事情上与另一个宝宝不一样而感到困惑。

如果你不了解这时在发生些什么,那你必定会不知所措。邻居跟你说:"给宝宝喂完奶后一定要让他排气!"你因为不了解情况,所以没办法跟邻居辩驳,只能把宝宝放在自己的肩膀上,奋力地拍打宝宝的背,尝试让宝宝排出你认为一定要排出的气。这就会变成一种教条的行为。你在这样做的时候,其实在把自己的(或者你邻居的)观点强加到宝宝身上,干扰了宝宝的自然发育,而这种自然发育的方式其实是唯一的好方法。

接下来，这个小小的肌肉发达的容器会把乳汁保留一段固定的时间，直到消化的第一阶段完成为止。乳汁消化过程中最早的变化之一是它会凝固，这是自然消化过程的第一个阶段。事实上，凝乳甜食的制作过程就很好地模拟了乳汁在胃里消化的过程。因此如果你的宝宝吐出了一些凝固的乳汁，不要惊慌，这是正常的，而且宝宝本来就很容易吐奶。

在乳汁在胃里消化的这段时间里，最好让宝宝安静下来。在喂奶之后，不管你是把宝宝放在小床上，还是抱着他轻轻地走一会儿，都可以，这个看你自己，因为没有两个妈妈或者两个宝宝是一样的。最简单的方式是让宝宝躺着，这时宝宝好像进入了自己的世界。这时候宝宝可能会产生一种美妙的感觉，因为血液会流向身体活跃的部分，这会给宝宝的腹部一种暖暖的舒适感。在消化过程的这一早期阶段里，如果宝宝受到干扰或者过度兴奋，他就很容易因为不满而大哭，要么呕吐，要么食物还没在胃里消化完就被过早地传递到下一个部位。我想你应该知道在给孩子喂奶的时候不受邻居干扰是多么重要。其实不仅仅是在给宝宝喂奶的时候，因为实际的喂哺时间一直持续到乳汁离开宝宝的胃。这就好像正在举行一个庄严的仪式，突然一架飞机掠过头顶，庄严的气氛就不复存在了。喂哺时间也是一样，需要延长到喂奶之后的一段时间，直到食物完全消化为止。

如果一切顺利的话，这段特别敏感的消化时间结束了，你会开始听到宝宝的肚子发出咕噜咕噜的声音，表示胃的工作完成了。现在，胃会自动地把半消化的乳汁一点一点通过一个阀门送到我们称之为肠道的地方。

对于发生在肠道的消化过程，你不需要知道太多。乳汁持续消化是一个非常复杂的过程。渐渐地，消化好的乳汁会被吸收到血液里，运送到身体的各个部位。值得一提的是，乳汁离开胃不久之后，胆汁就开始加入了。胆汁是肝脏在恰当的时候分泌而来，正是由于胆汁的作用，肠道的内容物才会呈现黄绿色。假如你患过黄疸（黄疸是由于输送胆汁的管道发炎肿胀造成的），就会知道胆汁不能从肝脏进入肠道是多么可怕的一种体验。此时，胆汁不流向肠道，而是进入了血液，使你全身发黄。但是当胆汁在恰当的时候流向恰当的地方，也就是从肝脏流向肠道，它会让宝宝感到舒服。

如果查阅一本生理学的书，你就可以找到后续乳汁消化过程的全部知识。但是如果你是一个妈妈，这些细节并不重要。重要的是当你的宝宝肚子发出咕噜咕噜的声音时，就表示那段宝宝很敏感的消化期已经到了尾声，食物现在真的到了宝宝的体内。而从婴儿的视角来看，他根本不明白这个过程，毕竟宝宝又不会去想生理学的内容。但是我们知道，食物以各种方式被肠道所吸收，最终分配到身体各处，经由血流带给所有的一直在生长的身体组织。宝宝身上的这些组织以惊人的速度生长着，它们需要持续稳定的营养供给。

6
消化过程的最后阶段

在上一章中，我们阐述了乳汁被吞咽、消化和吸收的过程。乳汁在宝宝的肠道里发生了很多变化，而这些并不需要妈妈的参与。从宝宝的视角来说，这整个过程都是个谜。然而，宝宝会渐渐地参与到消化过程的最后阶段，我们称之为排泄。这时，妈妈也要参与其中。如果她了解这一阶段在发生些什么，那她就能更好地照顾宝宝。

事实是，食物不会被全部吸收，哪怕是最优质的母乳，经过消化之后也会有一些剩余物，而且食物在经过肠道时也总会有一些残留。总之，会有很多剩余物需要宝宝排出体外。

各种各样的残留物，渐渐来到了肠道下部，到达被称为肛门的开口，以粪便的形式排出。这一过程是如何实现的呢？原来，这些东西借由肠道持续的收缩，在肠道中向下移动，直到来到肠道的末端。值得一提的是，成人的肠道是长约 6 米的窄管，而婴儿的肠道大概有 3.6 米长。

有些妈妈对我说："医生，食物即刻就穿过了他的身体。"对这些妈妈来说，食物好像一进入宝宝的身体，就立刻从肛门出来了。看起来是这样，但事实并非如此。宝宝的肠道很敏感，一摄入食物就会开始收缩；当肠道的收缩到达肠道下部时，粪便就被传递了下去。通常来说，肠道最后的部位直肠基本是空着的。当需要被传递的东西较多时，或者宝宝兴奋时，或者肠道感染发炎时，肠道的收缩就会更加频繁。渐渐地，也只能是渐渐地，宝宝才能获得某种程度的控制。接下来我会告诉你，宝宝是如何开始控制排泄的。

首先，我们可以想象，因为有大量的残留物等着往下传输，直肠就开始被填充。而实际的刺激很可能来自最后一次喂奶所触发的消化过程。直肠最终会被填满。当这些残留物在肠道上端时，宝宝还没有感觉；但当直肠充满时，宝宝会产生一种确切的感觉，这种感觉并不会令人不快，但是它会让宝宝想要立刻把粪便排出体外。一开始，我们无须期待宝宝控制排泄。刚开始照顾婴儿的时候，频繁换洗尿布是一件多么让人头疼的事情，我想作为妈妈的你们一定最为清楚。如果宝宝穿了衣物，就一定要频繁地更换尿布，否则残留的粪便与宝宝的皮肤长时间接触，会伤害宝宝的皮肤，让宝宝疼痛、不适。如果粪便由于某种原因过快地排出，从而呈现液态，那就更要频繁更换尿布了。仓促的训练并不能帮助妈妈们摆脱频繁换洗尿布的烦恼。如果妈妈一直好好照顾宝宝，等待一段时间，事情自然会发生变化。

如果宝宝能够控制粪便在直肠里待一段时间，粪便就会变干；因为粪便在直肠中等待时，水分会被吸收，那么粪便排出时就是固态的，因而宝宝会享受排出粪便的过程。事实上，在排出粪便的瞬间，宝宝会产生一种强烈的兴奋感，以至于会因为感受太过强烈而哭闹。现在你能明白让宝宝自然排便的益处了吗？（一旦宝宝自己不能很好地处理时，你还是要帮忙）你在给宝宝尽可能地创造机会，让他通过亲身经验发现，将粪便积攒一会儿再排出是一种好的体验。他甚至会发现结果是有趣的，而且如果一切顺利的话，排便可以是一件非常令人满足的事情。宝宝通过这些事情，能建立起一种健康的态度，这是日后对宝宝进行任何训练的必要基础。

或许曾有人告诉你，一开始就要形成规律，每次喂哺之后给宝宝把屎，趁早对宝宝进行一些训练。如果你照做了，那你要知道，你这样做只是在给自己省去换洗脏尿布的麻烦。这当然有许多好处，但宝宝根本还没有能力接受任何训练。如果你从不允许宝宝在这些事情上自我发展，那你就干涉了一个自然的过程，而且你也会错过一些好的事情。比如，如果你愿意等待，你就会发现，躺在婴儿床上的宝宝会尝试找到一种方式来告诉你，他刚刚排便了；很快，你也会大致清楚，宝宝有何举动意味着他将要排便了。现在的你才刚刚开始和宝宝建立关系，而宝宝不能以一种成年人的方式来与你沟通，但是他找到了一种非言语的方式。宝宝就好像在对你说："我觉得我要大便了，你感兴趣吗？"你回答道（并不是真的说了出来）："我感兴趣。"你让他知道，你感兴趣，不是因为你害怕他会弄得一团乱，也不是因为你觉得应该要教会他如何保持整洁；你感兴趣，是因为你像所有母亲那样爱着自己的孩子，因此任何他觉得重要的事情，你也会觉得重要。如此一来，你就不会介意自己是否太晚赶到，宝宝是否已经拉在了裤子里，因为重要的不是让宝宝保持干净整洁，而是回应作为另一个人类的宝宝的需求。

之后，你与宝宝在这些方面的关系会更加丰富。有时宝宝会害怕排便，有时他又会觉得排便是很宝贵的经历。你基于爱孩子这一简单的事实来行动，所以很快你就可以区分自己什么时候是在帮助宝宝摆脱坏东西，什么时候你和宝宝是在接受馈赠。

在此，有一个值得一提的实用细节。当宝宝完成了一次满意的排便，你可能会以为一切就已经结束了，你收拾好宝宝，继续做自己原本在做的事情，但是宝宝可能又表现出不适，也可能几乎立刻就又排便，弄脏了刚换的干净尿布。这是因为宝宝第一次清空直肠之后，很可能紧随其后又填满了直肠。所以如果你不着急，可以等一会儿，那宝宝就能在新一轮的收缩到来时，进行第二次排便。这种情况很可能会发生，而且可能不止一次。只要你不着急，你就可以让宝宝排空他的直肠。这可以使直肠保持敏感，从而让宝宝在下次直肠充满的时候，可以再一次自然地完成这一整个程序。总是着急的妈妈，会让自己宝宝的直肠里总有一些残留。这些残留要么被宝宝排出，不必要地弄脏尿布，要么留在直肠里，让直肠变得不那么敏感，从而在某种程度上影响宝宝的下一次排便。如果妈妈能不慌不忙地处理宝宝的排便问题，那就会帮助宝宝在排泄方面建立秩序感。如果你总是着急忙慌，不能给宝宝提供完整的体验，那宝宝在学习排便的一开始就是一片混乱。那些没有一片混乱的宝宝，在之后能够很快跟上妈妈的训练，逐渐放弃立刻排便所带来的巨大愉悦感。宝宝这么做不仅是为了满足妈妈尽量减少脏乱发生的愿望，更是因为宝宝想要等你，从而让你喜欢照料与宝宝有关的一切。一段时间之后，宝宝会开始学会控制，在想要与你作对时选择立刻排便，弄得一团糟；在想要取悦你时，选择等待一会儿，方便的时候再排便。

我知道很多宝宝在排便这件重要的事情上都没有机会自己体会。我知道一个妈妈，她几乎从不让自己的孩子自然地排便。她有一套自己的理论，认为粪便留在直肠会以某种方式毒害宝宝。这绝非事实。婴儿和幼童可以把粪便留在直肠里几天而不会受到伤害。这位妈妈一直用肥皂棒和灌肠剂来干涉孩子的排便，结果极其糟糕。她当然也不可能养育出快乐的孩子，孩子也多半不会喜欢她。

相同的原则也适用于另外一种排泄——排尿。

水分被吸收到血液中，其中不被需要的水分会被宝宝的肾脏排出，和溶解在其中的废物一起被传递到膀胱。宝宝对这些过程一无所知，直到膀胱开始被填充，宝宝开始有了排出尿液的冲动。一开始，这个过程基本是自动的，但是宝宝渐渐发现，把尿液保持在膀胱里一会儿，会有某种奖励——保持一会儿再排出尿液，宝宝就会有一种愉悦感。由此，宝宝发展出了又一种小小的快感，这丰富了婴儿的生活，让生活值得过，让肉体值得栖居。

随着时间的流逝，婴儿的这一发现——等待会有收获，便可以为你所用，因为你通过一些信号可以知道某些事情可能要发生，你可以通过自己对这些过程的兴趣，来进一步丰富宝宝的体验。最终，只要时间不太长，宝宝都会喜欢等待，只是为了得到你们之间的全部的爱。

现在你明白了，宝宝在控制排泄的过程中需要妈妈的帮助，就如同妈妈在宝宝的喂哺过程中被需要一样。只有妈妈觉得满足宝宝哪怕细枝末节的需求也是值得的，才能使得宝宝身体的兴奋体验成为宝宝和妈妈的亲密关系中的一部分。

这种情况持续一段时间之后，所谓的训练就没什么难的了。因为妈妈已经赢得了向宝宝提出这些要求的权力，只要这些要求不超出宝宝的能力范围。

这又是一个例子，证明了宝宝的健康是建立在妈妈对宝宝正常的爱与呵护基础之上的。

7
近距离观察妈妈喂宝宝

我之前就说过，宝宝可能从一开始就能领会到妈妈的活力。妈妈因自己为宝宝所做的事情而感到愉悦，这让宝宝很快就知道这些事情的背后有一个人存在。但最终让宝宝能够感受到妈妈是人的，或许是妈妈的特殊能力，是妈妈这种站在宝宝的角度考虑事情的能力，这种能力让妈妈能够知道宝宝的感受。书中的任何规则都不能取代妈妈感受宝宝需求的能力，这种能力让妈妈有时能够几乎精准地适应宝宝的需求。

我会通过描述和对比两个婴儿的喂哺情况来阐释这一点。其中一个婴儿是在家里由母亲喂哺；另一个婴儿是由机构喂哺，这个机构环境不错，但护士们有很多工作要做，没有时间专注于某一个宝宝。

我首先来描绘一下机构中的这个婴儿。如果你是一个要负责照顾和喂哺婴儿的医院护士，请一定原谅我，我所描述的是医院护士所能做的最糟糕的情形，而非最好的情形。

这个机构中的婴儿到了喂哺时间，他还不知道会发生些什么。我们正在谈论的这个宝宝不太了解奶瓶，也不太了解人，但护士的准备工作让他已经开始相信，某种让他满足的事情可能会发生。护士把婴儿床里的他支撑起来一点，用几个枕头把奶瓶布置得让宝宝的嘴巴可以够得到。护士把奶嘴放进宝宝的嘴里，等上片刻，然后就去照顾其他哭闹的宝宝了。一开始可能一切都很顺利。宝宝饿了，吮吸奶嘴，奶就流出来了，这让宝宝感觉很好。但是，奶嘴就那么一直在宝宝嘴里，没过一会儿，它就对宝宝的生存造成了巨大的威胁。宝宝或哭喊或挣扎，奶瓶就掉了出来，这缓解了宝宝的痛苦，但这只持续了一小段时间，因为很快宝宝就想要再喝一些奶，但是奶瓶没有过来，因此宝宝又开始哭喊。过了一会儿，护士回来，又把奶瓶放到了宝宝嘴里。但是此刻，尽管这个奶瓶在我们眼里和之前没有差别，但是对宝宝来说却似乎是一个不好的东西，一个危险的东西。这样的情况会不断重复上演。

现在我们来看看另一个极端，那个有妈妈在身边的婴儿。当我看到一个不焦虑的妈妈是如何细致地处理同样的情形时，我常常感到震惊。她会尽量让宝宝舒适，并布置出一个喂哺的情境，如果一切顺利的话，就可以进行喂哺了。这个情境是母婴关系的一部分。如果妈妈是用乳房给宝宝喂奶，我们会看到她是如何让宝宝（哪怕是一个很小的宝宝）双手可以自由移动，这样当她将乳房暴露给宝宝时，宝宝可以用手感受乳房的触感和温度；而且，妈妈的乳房与宝宝的距离都是可估量的，因为宝宝能够接触到的世界很小，就只是宝宝的嘴巴、双手和双眼可以触及的这一点地方。一开始，宝宝不知道乳房是妈妈的一部分。如果他的脸触碰到了乳房，他不知道这美好的感受是脸的还是乳房的。事实上，宝宝会摆弄、抓挠自己的脸颊，就好像自己的脸颊是乳房一样。这就是妈妈允许宝宝触摸自己乳房的原因。毫无疑问，宝宝在这些方面的感觉十分敏锐，而如果这些感觉敏锐，我们就可以确信它们很重要。

宝宝首先需要我所描述的这些安静的经历，需要感受到被人用一种有生气的方式充满爱意地拥抱着，但抱他的人不能过于激动、焦虑或紧绷。这就是我所说的喂哺的情境。妈妈的乳头和宝宝的嘴巴之间早晚都会有某种接触。究竟发生了什么并不重要。妈妈在那个情境之中，是那个情境的一部分，而她尤其喜欢这种亲密的母婴关系。对于宝宝应该如何表现，她没有任何预设的观念。

乳头与宝宝嘴巴的接触会让宝宝产生一些想法——"或许嘴巴之外有什么值得追求的东西"。宝宝开始分泌唾液。事实上，唾液可能太多，以至于宝宝可能会享受吞咽这些唾液的感觉，甚至一度几乎不需要乳汁。渐渐地，妈妈使宝宝能够在想象世界里建构出妈妈所能提供的这个东西，宝宝开始含着乳头，用牙龈够到乳头的根部，咬它，也或许吮吸它。

过了一会儿，宝宝会暂停下来。他会放开乳头，离开这个情境。宝宝对乳房的观念消退。

你能理解最后这点有多重要吗？宝宝产生了需求，然后乳房和乳头出现了，接触就发生了；然后宝宝的需求消退了，乳头也消失了。这是妈妈亲喂的宝宝与刚刚描述的机构中的宝宝最截然不同的体验。宝宝放开乳头后，妈妈如何处理？她不会把乳头强行塞回宝宝嘴里，让他再次开始吮吸。妈妈理解宝宝的感受，因为她是活生生的人，是有想象力的。她会等待。经过几分钟或者更短的时间，宝宝又会转向妈妈的乳头，因此一次新的接触产生了，就在恰当的时刻。这些情形不断重复。宝宝不是从一个有奶的容器里面喝奶，而是从一处"私人财产"喝奶，而这个"私人财产"此刻被借给了一个知道该拿它怎么办的人。

妈妈能够做出这样精妙的调整，这一事实证明她是一个人，而宝宝很快就会领会到这一事实。

我们描述了妈妈如何处理宝宝放开乳头的情况，我想特别指出这样做尤其重要。当她在宝宝不想要乳头或者不再相信乳头时，拿走乳头，尤其在这个时刻，她建立了自己作为妈妈的形象。这种操作如此精妙，妈妈刚开始时可能不能一直成功。而且，有时宝宝会通过拒绝喝奶、扭头或睡觉等方式，来表现自己需要建立以自己的方式来行事的权力。有些急于给孩子喂奶的妈妈，会对此感到失望。有些妈妈无法忍受乳房发胀（除非有人跟她讲过如何分泌乳汁，因而她能够等待，直到宝宝想吃奶）。然而，如果妈妈知道宝宝把脸从乳房或奶瓶转开的价值，她或许就能够顺利度过这些困难的阶段。她会把转头或者睡觉当成是一种暗示，暗示宝宝需要特殊的照顾。这意味着妈妈做一切事情时，都要以能够提供舒适的哺乳环境为前提。妈妈一定感到舒适，宝宝一定很舒适。喂奶时，妈妈一定不能匆匆忙忙，宝宝的手臂一定要自由，宝宝一定要有一些皮肤裸露在外，从而能够直接感受妈妈的皮肤，甚至可能宝宝需要被赤裸着放在赤裸的妈妈身上。如果喂哺时遇到了困难，那么绝对不能尝试逼迫宝宝喝奶。只有通过给宝宝提供情境，让宝宝发现乳房，妈妈才有可能帮助宝宝建立恰当的喂哺体验。而这一切的影响会在婴儿之后的生命里体现出来。

　　关于这个话题，我还想谈一谈刚生宝宝的妈妈的处境。她刚刚结束一段焦虑且痛苦的经历，十分需要有经验的人来帮助她。孕产期帮助她的人仍然在照顾她。诸多原因让她在这个时候特别容易对他人产生依赖，也易于受到恰好在身边的任何重要女性的观点的影响，不管这个女性是医院的护士长、助产士，还是她的妈妈或婆婆。她此刻处境艰难，而她已经为此刻准备了十个月。然而，出于一些我已经阐明的原因，妈妈是喂哺宝宝的最佳人选，但如果其他懂得多的人比较强势，妈妈很难与之抗争，直到她已经有了两三个宝宝和丰富的经验。当然，理想的情况常常是护士或助产士与妈妈相处愉快。

　　如果护士或者助产士确实与妈妈相处愉快，妈妈就会被给予一切机会来以自己的方式管理与宝宝最初的接触。宝宝大部分时间都在她身边睡觉，而她可以一直看向床边的摇篮，来确定她确实生了一个可爱的宝宝。她习惯了宝宝的哭声。如果她因为宝宝的哭声感到不安,那她睡觉时就会有人把宝宝带走,但之后宝宝会被送回来。当她感到宝宝想要食物,或者想要跟她的身体有一个全面的接触时,会有人帮她把宝宝放进她的怀里,让她给宝宝喂奶。在这样的经历中,宝宝的脸、嘴巴和手开始和妈妈的乳房有了特别的接触。

人们常听说一些年轻的妈妈生了孩子之后不知所措。没有人向她们解释任何事情;她的宝宝与她分开,被放在另一个房间,或许跟其他婴儿放在一起,只有在喂奶时间才与她相见。总有宝宝在哭喊,所以妈妈永远都不知道哪个是自己宝宝的哭声。宝宝在需要喝奶时被带进来交给妈妈,身上紧紧地裹着一条毛巾。而妈妈则应该抱起这个看起来很奇怪的东西,给它喂奶(此处我故意用"它"),但是妈妈感受不到乳房上生命的涌动,而宝宝也没有机会探索和产生需求。人们甚至会听说这些所谓的帮手会因为宝宝不肯开始吮吸而恼怒,并把宝宝的脸推向奶瓶。有少数宝宝有过这样可怕的经历。

但即使是妈妈,也一定要通过经验来学习如何做一个妈妈。我觉得妈妈如果能这样看待育儿,那就会好很多。妈妈通过经验而成长。但如果妈妈以另一种方式来看待育儿,一开始就认为自己一定要努力从书中学习如何做一个完美的妈妈,那她就误入歧途了。长远来看,我们需要的是懂得如何相信自己的妈妈和爸爸。这些妈妈和她们的丈夫建立起最好的家庭,从而让宝宝健康成长。

8
母乳喂养

上一章，我从个人的角度探讨了母乳喂养这个话题。这一章，我将从技术层面来谈论这个话题。我们首先从妈妈的视角出发，讨论她们想要了解的内容，随后我们可以从医生和护士的视角出发，看看妈妈可能会遇到和询问哪些问题。

有一次，和儿科医生们讨论时，有人指出我们并不确切知道母乳喂养的价值究竟何在，我们也不知道在断奶时间的选择上应当遵循什么原则。显然，在回答这些问题时，生理学和心理学都有其指导作用。生理过程的研究十分复杂，我们一定要交给专门的儿科医生，而我们则要试着从心理学视角提出我们的见解。

尽管母乳喂养的心理学原理非常复杂，但是我们也已经了解了很多，可以清楚地阐述出来，帮助到妈妈们。但有一个棘手的问题——即使写出来的东西再正确，也不一定能够被人接受。我们必须先来处理这个矛盾。

一个成年人，甚至一个孩子，都不可能知道作为一个婴儿究竟是怎样的一种体验。婴儿期的感受无疑存储在我们每个人内心的某个地方，但我们很难重温这些感受。婴儿期强烈的感受可能会在痛苦的精神病症状中重现。婴儿在某个特定时刻对某种特定类型的情绪的专注，重现为患者对恐惧或哀伤情绪的专注。直接观察婴儿时，我们会发现很难把我们的所见所闻翻译成某种描述感受的词语；或者我们要凭借想象，那就要尽可能地不要进行错误的想象，因为我们会把各种属于后来发展阶段的观念带到当下的场景中。照顾自己宝宝的妈妈们最能够真正贴近宝宝的感受，因为妈妈具有与自己照顾的宝宝保持同一步调的特殊能力，而这个能力会在几个月后消失。但妈妈们一开始很少愿意讲述自己所知道的这些东西，等到想要讲述时，她们已经忘记了其中最重要的部分。

技艺娴熟的医生和护士也绝不比其他人更加了解作为一个人类的婴儿，这些婴儿刚刚开始一项艰巨的任务——成为他们自己。有人说母乳喂养过程中婴儿与母亲（或乳房）的连接要比任何人类关系都要强烈。我不指望大家能够轻易相信这一点，但是当我们谈论母乳喂养相较于奶瓶喂养的价值时，还是需要至少相信有这个可能性。人们不可能霎时间毫无保留地相信真理，这一点对于一般动力心理学，尤其是对婴儿早期心理学来说，都是适用的。在其他科学学科中，如果有人发现了某种真相，人们往往可以没有情感压力地予以接受，但在心理学中，真相总伴随着一种情感压力，因此，不那么真实的情况往往比真相更容易让人接受。

做好了这些思想准备之后，我现在要做出一个大胆的论述了：婴儿与母亲的关系在母乳喂养期间尤其密切，而且这种关系很复杂，因为它包含了喂哺开始前因期盼而产生的兴奋、喂哺期间的体验、喂哺带来的满足感以及在这种满足感带来的本能紧张之后的放松。人类长大后，与性相关的感受将可以与婴儿期母乳喂养相关的感受相媲美，个体在经历前者时会想起后者。事实上，人们会发现性体验模式具备源自婴儿早期本能生活的特征。

但本能并不是全部，其中还有在喂哺的快感和排泄带来的快感之外，其他时间里婴儿与母亲的关系。婴儿在早期情感发展中有一个艰巨的任务，那就是把自己与母亲的两种关系融合起来：第一种关系中，婴儿的本能被唤起；第二种关系中，妈妈是安全、温暖以及稳定的环境等一般生活必需品的提供者。

没有什么能像这些给宝宝带来兴奋和满足的经历那样，帮助宝宝清晰而又愉悦地建立起妈妈作为一个完整的人类个体的概念。随着宝宝逐步意识到妈妈是一个完整的人类个体，他开始可以运用某些技巧来回报妈妈给他提供的东西。因此，婴儿也成为一个完整的人类个体，能够在欠了妈妈一些东西却还没能偿还时，容忍自己当下的忧虑。这就是内疚感的起源，也是从这时开始，婴儿会在自己所爱的妈妈暂时离开时感到悲伤。如果妈妈能建立起令宝宝满意的母乳喂养模式，又同时能够持续做宝宝生命中唯一的那个人，直到她和宝宝能感受到彼此是完整的人类个体，那么这个妈妈就获得了加倍的成功，婴儿的情感发展也朝着健康的发展方向迈了一大步，而健康的发展最终会成为宝宝在人类世界中独立存在的基础。很多妈妈觉得自己确实在最初的几天就与自己的宝宝建立了接触，几周之后，她们当然期望宝宝能够用微笑来认可自己。这些成就都建立在妈妈良好的照料和给予宝宝本能的满足的基础上。一开始，喂哺过程的挫折，或者其他本能经验中的挫折，或者环境中宝宝理解能力之外的变化，都会导致这些已经取得的成就消失不见。早期完整人类关系的建立和维持在宝宝的发展中有着最为至关重要的价值。

毫无疑问，由于种种原因而不能给宝宝喂母乳的妈妈，也能够用奶瓶喂奶的方式给予宝宝本能的快感，因而也能够基本建立这样的早期人类关系。但总体来说，能够给宝宝直接喂母乳的妈妈似乎在喂哺行为中有着更加丰富的体验，而这对于两个人类个体关系的建立也有所帮助。如果本能的快感本身就够了，那母乳喂养和奶瓶喂养相比也就没有什么优势了。但妈妈的整个态度在其中是头等重要的。

此外，在对母乳喂养的特殊价值的研究中，有一个极为重要的问题：人类宝宝有自己的想法。婴儿心灵的每种功能都是精心设计的，甚至在最早的时候，婴儿就有与喂哺相关等极其兴奋的体验的幻想。这个幻想本身是对乳房的残忍攻击，而当婴儿最终意识到这个被攻击的乳房是妈妈的乳房时，这个幻想就是对妈妈的攻击。在进食冲动这一原始的爱的冲动中，有着强烈的攻击性成分。至于稍晚时期对妈妈的攻击幻想，尽管可观察到的攻击性很少，但我们仍不能忽略婴儿目标中的毁灭性元素。一次满意的喂哺让婴儿实现生理上的快感，也让婴儿心理上的幻想体验圆满完成。一旦婴儿开始推断出被攻击和清空的乳房是妈妈的乳房，婴儿就会发展出对自己的攻击性幻想的巨大焦虑。

被乳房喂养了1000次的婴儿显然与被奶瓶喂养了1000次的婴儿有着截然不同的处境。在第一种情形中，妈妈的幸存对婴儿来说是个奇迹，而在第二种情形中则不然。我并不是说用奶瓶喂养婴儿的妈妈无论怎么做都比不上母乳喂养的妈妈。毫无疑问，她的宝宝会与她嬉闹，她也会被宝宝闹着玩地咬几下，如果一切顺利的话，宝宝看起来与有母乳喂养的宝宝感受几乎相同。但是，确实存在一个不同之处。精神分析的过程中，通过追溯成熟的性体验的所有早期根源，分析师有充分的证据能够说明，在一个满意的乳房喂哺体验中，从妈妈身体的一部分来摄取食物这个事实本身，为本能相关的各种体验提供了"蓝图"。

婴儿不能接受乳房是一个常见的情况，这并不是因为婴儿有任何天生的缺陷（如果有，那一定也是非常罕见），而是因为有什么东西干扰了妈妈，让妈妈不能去适应婴儿的需要。坚持母乳喂养的错误建议带来的灾难是巨大的。在这种时候，切换到奶瓶喂养会让宝宝消除焦虑感。常见的情形是，当宝宝不接受母乳喂养时，切换到奶瓶喂养这种不那么个人化的方法，宝宝就愿意喝奶了。同样的，有些宝宝只有躺在婴儿床上才可以获得类似的体验，因为在妈妈怀抱里的丰富体验被妈妈的焦虑或抑郁破坏了。焦虑或抑郁的妈妈喂养的婴儿，在断奶之后，其焦虑感会解除。认识到这一点之后，想要研究这个领域的人们就可能在理论上理解妈妈成功履行职责的重要性。成功对妈妈来说很重要，有时甚至比对宝宝更重要。当然，成功对宝宝来说也很重要。

我觉得有必要在此指出，母乳喂养的成功并不意味着所有问题就都因此消失了。成功意味着婴儿与母亲的关系更加强烈与丰富，随之而来的是婴儿有更大而不是更小的可能性会产生某些症状，这些症状表明婴儿遇到了生命和关系中那些固有的难题。当妈妈不得不用奶瓶喂养来取代母乳喂养时，各方面问题常常会得到缓和。从方便管理的角度上来说，医生可能会觉得如果能够整体上缓和问题，那他显然是在做好的事情。但这是从疾病和健康的角度来看待生命。真正在乎宝宝的人一定要能够从人格的贫乏和丰富这个角度来看待生命，而这完全是另一回事。

母乳喂养的婴儿会很快发展出一种能力，能够把某些物体当成是乳房的象征，因而也当成是母亲的象征。婴儿用自己与拳头、拇指或手指、一小块布或一个柔软的玩具的关系象征婴儿与母亲的关系（兴奋的关系和平静的关系）。婴儿情感对象的转换是一个渐进的过程，只有当乳房的观念已经通过实际的经验被宝宝内化之后，一个物体才能够代表乳房。一开始，人们可能会觉得奶瓶是乳房的替代品，但只有当宝宝已经有过母乳喂养的体验，且奶瓶作为一种玩具在某个恰当的时间被引入，这样才有意义。给宝宝用以替代乳房的奶瓶除了像乳房一样能喂奶外，其余时间只是一个单纯的物体，从某种意义上说，它代表着婴儿与母亲之间的障碍而不是连接。整体上来说，奶瓶不是好的乳房替代物。

探究断奶这个话题很有意思，因为断奶会受到母乳喂养和奶瓶喂养的影响。从根本上来说，母乳喂养和奶瓶喂养这两种情形下的断奶过程一定是相同的。婴儿的成长中会到达一个阶段，在这个阶段婴儿要放下一些东西，妈妈知道在这种状态下，断奶会对婴儿的发展很有意义。从这方面来说，不管是母乳喂哺还是奶瓶喂哺，婴儿都做好了断奶的准备。但从某种意义来说，婴儿永远都没有办法准备好要断奶，尽管在实际生活中有一些宝宝会自行断奶。断奶总伴随着某种愤怒的情绪，对此，乳房喂养和奶瓶喂养就大不相同了。在乳房喂养的情况下，婴儿总要和妈妈拉锯一段时间，在这个过程中婴儿会有对乳房的愤怒，会因愤怒而产生攻击乳房的念头，而非因欲望而产生。要想成功断奶，比起用奶瓶替代乳房这种机械的喂养方式，乳房喂养模式下的婴儿和妈妈显然会有更加丰富的体验。断奶经历中很重要的一个事实是，妈妈从断奶相关的所有感受中幸存了下来，而她之所以能够幸存，一部分是由于婴儿会保护她，还有一部分是因为她会保护自己。

如果孩子将会被收养，有一个非常重要的实际问题：让婴儿有一段乳房喂养的时间更好，还是一点也不要乳房喂养更好？我想，这个问题还没有答案。基于当下的知识水平，当一个非婚生宝宝的妈妈已经知道会被安排收养时，我们不确定给她怎样的建议，是让她用乳房喂养宝宝，还是一开始就用奶瓶。很多人认为，如果妈妈至少已经用乳房喂养过宝宝一段时间，那她在把宝宝交给别人时感受会好很多；但从另一个角度来说，如果经历了这样一段时间，那么跟宝宝分别的时候她可能会非常痛苦。这是一个非常复杂的问题，因为对于妈妈来说，相比起日后想到自己被剥夺了一段自己珍视的体验，经历分别的痛苦可能更好，因为这份痛苦是真实的。我们要在尊重妈妈感受的前提下，视具体的情况来决定。至于宝宝，显然成功的母乳喂养和断奶体验会为其收养提供一个好的基础，但是能够拥有这么好的基础的孩子，相对来说很少是要被收养的孩子。更常见的情况是，这些孩子最初的生活是混乱的，所以那些收养他们的人会发现自己要照顾的孩子已经因为过去的复杂状况而处于不安的状态。我们可以确定的是，这些事情确实很重要。我们不可能在收养孩子时忽略孩子的喂养史和孩子在开始的几天和几周里的照料史。在那些时间里如果一切顺利的话，孩子可以很容易地开始某些过程，但如果孩子已经经历了几周或几个月的混乱，那这些过程就真的很难开始了。

有人可能会说，如果这些领养的孩子最终都需要接受长程的心理治疗，那么在婴儿初期与乳房有一些接触会更好，因为这给丰富的关系提供了基础，而这个基础可能会通过心理治疗而再现。但大多数孩子不会来寻求心理治疗，而且长程心理治疗往往是不可得的。因此，如果安排了收养，或许更好的方式是满足于稳定的奶瓶喂养，虽然这不是最好的开始，但因为不会让妈妈那么亲密地参与其中，尽管前后会有几个不同的人来喂养宝宝，宝宝还是更容易感受到一致性。尽管奶瓶喂养不会提供那么丰富的体验，也或许正因为奶瓶喂养不会提供那么丰富的体验，一开始就采用奶瓶喂养的孩子即使被一系列不同的照顾者喂养，也很可能不会太过混乱，只因为至少奶瓶喂养过程是前后一致的。婴儿早期一定要有一些稳定可靠的东西，否则孩子绝不可能在心理健康的道路上有一个好的开始。

这个领域还有许多研究工作要做。我们一定要认识到，对这一领域的新认识最有效的来源，是对各种个案的长期持续的精神分析，包括正常个案、神经症性个案、精神病性个案、各个年龄阶段的儿童个案以及成人个案。

总之，可以说我们不能轻易地绕开乳房喂养的替代物这一话题。某些国家和文化习惯采用奶瓶喂养，这对当地居民的文化模式一定有着某些影响。从妈妈的视角来看，乳房喂养如果顺利的话，能够提供最为丰富的体验，是最让人满意的喂养方式。从婴儿的视角来看，妈妈和乳房的幸存要远比奶瓶和用奶瓶喂养自己的妈妈的幸存更加重要。乳房喂养的丰富体验可能会给妈妈和婴儿带来一些困难，但这并不能成为乳房喂养不可取的论据，因为照料婴儿的目标不单单是为了避免出现问题。照料婴儿的目标不限于让婴儿健康，还包含为婴儿提供条件，让他拥有最为丰富的体验。从长远来看，这样能使婴儿的人格更加有深度和价值。

9
婴儿为什么会哭闹

我们已经讨论了一些明显事项，包括妈妈想要了解宝宝和宝宝想让妈妈了解的一些内容。正如宝宝需要妈妈的乳汁和温暖一样，他们也需要妈妈的爱和理解。如果你了解自己的宝宝，你就能在他需要的时候提供帮助，因为没有人能像妈妈一样那么了解宝宝，只有妈妈是那个可以帮助宝宝的人。现在我们来探讨一下婴儿特别想要帮助的时候——婴儿哭闹的时候。

大家都知道，大部分宝宝都爱哭闹，而妈妈则要不断地决定是让宝宝继续哭闹，还是安抚他、喂哺他，还是让爸爸哄哄宝宝或者把宝宝完全交给楼上那个懂宝宝或者以为自己懂宝宝的女人。你可能希望我能直接告诉你该怎么做，但如果我真的这么做了，你又可能会说："太愚蠢了！宝宝哭闹可能有各种各样的原因，除非你找出宝宝哭闹的原因，否则你不可能知道该怎么做。"正是如此。因此，我在此尝试梳理宝宝哭闹的原因。

我觉得把宝宝哭闹的原因分为四种，会较为准确。这四种原因是满足、痛苦、愤怒和悲伤。我们可以先把对这四种原因想说的话搁置一边。你会看到我讲的都是十分平常又显而易见的事情，这些事情妈妈天然就知道，尽管她一般不会尝试把这些事情用语言表达出来。

我想表达的观点无非是：哭闹要么是宝宝在感受自己、锻炼自己的肺部（满足），要么是痛苦的一种信号（痛苦），要么是生气的一种表达（愤怒），要么是悲伤的表达（悲伤）。如果你接受这个观点，我接着来解释一下这个观点的内涵。

你可能觉得很奇怪，我怎么会先讨论宝宝为了满足甚至为了某种愉悦而哭闹，因为任何人都会认为，无论何时，只要宝宝哭闹，那他一定是在某种程度上感受到了痛苦。然而我确实认为满足才是首先应该讨论的。我们一定要认识到，哭闹也可能带来愉悦，就像任何锻炼身体机能的行为都能带来愉悦一样。因此，一定程度的哭闹有时对婴儿来说是会带来满足感的，而低于那个程度的哭闹就不能带来这样的满足。

有些妈妈可能会对我说："我的孩子很少哭，除了在喂奶之前。当然他会在每天四点到五点之间哭一个小时，但我觉得他喜欢这样。他并不是有什么烦恼，我会让他看到我在哪里，但并不会特别尝试去安抚他。"

有时你可能会听到人们说，决不要在宝宝哭闹的时候把他抱起来。我们晚点再来探讨这个说法。但是也有其他人会说，决不能容许宝宝哭。我觉得这些人可能也会跟妈妈说，不要让宝宝把拳头放进嘴巴里，或者不要让宝宝吮吸自己的手指，或者不要给宝宝用安抚奶嘴，或者不要在喂奶结束后让宝宝在乳房边玩耍。他们不知道宝宝有（且一定要有）自己处理自己问题的方式。

无论如何，那些很少哭的宝宝并不一定就比哭得很凶的宝宝好。就我个人而言，如果一定要让我在这两个极端中做出选择的话，我会选择哭得很凶的宝宝，因为他已经开始发挥自己的最大潜能，制造出噪音，前提是宝宝的哭闹没有被置之不理以至于发展成绝望的状态。

我要说的是，从婴儿视角来看，任何锻炼身体机能的行为都是好的。对新生儿来说，单单呼吸就是一个新的成就，而且可能还很有趣，直到他开始把呼吸当成理所当然的，那么尖叫、大喊以及各种形式的哭闹肯定是让他兴奋的。我们要能够认识到哭闹的价值，因为当我们认识到这一点，我们才能够了解，在真的遇到麻烦的时候，哭闹是如何帮助我们消除疑虑的。哭闹有很大的帮助，因此，我们必须认可哭闹是有其好处的。接着，宝宝开始学说话，很快，蹒跚学步的宝宝就会吵闹个不停。

你知道自己的宝宝是如何使用拳头和手指的，你知道他是如何把拳头和手指塞进嘴里，然后他就可以忍受沮丧了。尖叫就像是身体内部的拳头，而且没有人可以干涉。你可以握住宝宝的手让它远离嘴巴，但你不能把宝宝的哭闹塞回宝宝的肚子里。你不可能完全让你的宝宝不哭闹，我希望你也不要尝试如此。如果你的邻居不能忍受宝宝哭闹的声音，那事情就不太妙了，因为你必须要为了邻居的感受而采取措施让宝宝停止哭闹，而不是研究宝宝为何哭闹，然后只去预防或停止无益的和可能有害的哭闹。

医生们认为新生儿哭声洪亮是健康和力量的标志。宝宝的哭闹在很长一段时间里仍然是健康和力量的标志，也是生命体征的早期形式，还是对身体机能的锻炼，因此能够给宝宝带来满足甚至是愉悦。但哭闹的意义远不止于此，怎么看待哭闹的其他意义呢？

大家都很容易识别出痛苦的哭声，这是大自然的设计，它以这种方式让你知道自己的宝宝遇到了麻烦，需要你的帮助。

当宝宝痛苦时，他会发出尖锐或刺耳的声音，通常他还会同时给出一些其他线索，让你知道他哪里不舒服。比如，当宝宝胀气时，他会蜷起双腿；如果宝宝耳朵疼，他会把手放在不舒服的耳朵上；如果是灯太亮让他不适，他会转头躲避灯光。但对于巨大的声响，他不知道该怎么做。

痛苦的哭声本身对婴儿来说并不愉悦，也没有人会觉得这对宝宝来说是愉悦的，因为它会立刻唤起身边的人想要对此做些什么的冲动。

其中一种痛苦叫作饥饿。我认为饥饿对于婴儿来说确实像一种痛苦。尽管成年人也曾在婴儿期经历过饥饿带来的痛苦，但他们很容易遗忘这种痛苦，因为已经长大的他们现在已不会再因为饥饿而感到痛苦。我想在当今的英国，很少有人知道忍饥挨饿以至于痛苦的滋味。想一想我们为确保充足的食品供应而做的那些事情，哪怕在战时也要确保食品的供应。我们会思考该吃些什么，但是我们很少去思考是不是要吃东西。如果某种我们喜欢吃的食物短缺了，我们会不再喜欢它，不再想要吃它，而不是继续想吃却吃不到。但婴儿太了解极度饥饿的痛苦了。妈妈喜欢自己的宝宝又可爱又贪婪，喜欢他在听到、看到或闻到食物要来了的信号时表现出兴奋。兴奋的宝宝会感受到痛苦，并用哭闹来表现出这种痛苦。如果这种痛苦能够带来满足的喂哺过程，那它很快就会被遗忘。

从婴儿出生起，我们随时都能听到他痛苦的哭声。总有一天，我们会注意到一种新的痛苦的哭声，那是忧惧的哭声。我认为这意味着宝宝开始学到了一些东西。他开始知道在某些情形下，他会经历痛苦。当你开始给他脱衣服时，他知道他会被带出舒适温暖的地方，他知道他的位置会发生这样或那样的变化，他知道所有的安全感会消失，因此当你开始解开他的第一颗纽扣时，他就开始哭闹。他已经有过一些经历，能够做出一些推断，知道一件事情的发生会伴随着另一件事情。很自然地，随着时间流逝，宝宝的年纪越来越大，这些推断也会越来越复杂。

大家都知道，宝宝有时会因为把自己弄脏了而哭闹。这可能意味着宝宝不喜欢自己身上不干净（当然，如果他身上不干净的时间足够长，他的皮肤会被摩擦得红肿，让他感到疼痛），但通常宝宝的哭声并不意味着这些，而是意味着宝宝害怕身上脏了之后会到来的扰动。他已经从经验中学到，在接下来的几分钟里，所有的安抚措施都会失效，也就是说，他会被脱掉衣物、移动位置，他会失去温暖。

害怕的哭声的基础是痛苦，这也是为什么每种情形下的哭声都是相同的，但宝宝记住而且预料到将要再次发生的，是痛苦。在宝宝经历了任何极端痛苦的感受之后，当一切事情的发生可能让他再次有那种感受时，他就会因为害怕而大哭。很快，他开始发展出一些观念，有些观念可能很可怕，那么同样地，如果宝宝大哭，问题就在于有些事情让宝宝想到了痛苦，尽管这些事情只存在于想象当中。

如果你刚开始思考这些问题，那你可能会觉得我把情况说得复杂又艰难，可我也没有办法，因为情况确实如此。幸好，接下来这一点就像眨眨眼那么容易，因为我所列举的宝宝哭闹的第三个原因是愤怒。

我们都知道自己发脾气的时候是怎样的，也知道当愤怒的感受特别强烈时，我们好像被情绪支配，不能控制自己。你的宝宝了解毫不节制的生气是怎样的。不管你多么努力，你都还是会在某些时候让他失望，此时他就会愤怒地大哭。你可以从我的观点中找到一些安慰——愤怒的大哭可能意味着宝宝对你有一定的信念。他希望他可以改变你。一个失去了信念的宝宝是不会愤怒的，他只会停止期待，或者以一种悲惨、绝望的方式哭着，或者开始用头撞枕头、墙或地板，或者压榨自己的身体来做其他各种能做的事情。

如果一个宝宝可以全面了解自己的愤怒，这是健康的。当他生气的时候，他当然不会觉得这样是无害的。你知道他看起来是怎样的。他会大叫、乱踢，如果他足够大，他还会站起来摇晃婴儿床的栏杆。他会撕咬、抓挠，他还可能会吐口水，把周围搞得乱七八糟。如果他真的很生气，他还能屏住呼吸，让自己气得脸色发青，甚至失去理智。有那么几分钟的时间，他真的想要毁灭或者至少破坏所有人、所有事，他甚至不介意在这个过程中毁灭自己。很自然地，你会尽你所能让宝宝脱离那种状态。但如果宝宝在愤怒状态下大哭，感觉自己毁灭了一切，却发现身边的人没有受到损伤，而且保持着平静，这样的经历会极大地强化宝宝的能力，让他看到他感觉真实的事情未必是真的，幻想和现实虽然都很重要，却截然不同。你完全没有必要试图让宝宝生气，原因很简单，在很多情况下，不管你想还是不想，你都会无法控制地让宝宝生气。

有人时刻担心自己会控制不住发脾气，他们害怕如果婴儿时期的自己体验了彻底的暴怒，会发生些什么不好的事情。出于这样或那样的原因，他们从来没有真正地试验过到底会发生什么。或许在他们是婴儿的时候，他们的妈妈被他们的愤怒吓到了。如果这些妈妈举止平静，那她们或许能给孩子信心，但是她们表现得好像这个愤怒的宝宝真的很危险一样，这就扰乱了孩子的愤怒情绪。

愤怒的宝宝还是一个人类。他知道自己想要什么东西，他也知道自己怎样做可能会得到这个东西，他拒绝放弃希望。一开始，他基本不知道自己有武器，他不知道他的吼叫会让人痛苦，正如他不知道他制造的混乱会给人带来麻烦。但几个月之后，他开始感到危险，感到自己可以伤害他人，自己想要伤害他人。总有一天，因为自己的痛苦经历，他开始知道别人也是会痛苦和疲倦的。

你如果观察自己的宝宝，观察到他最初意识到自己可以伤害你时和最初想要伤害你时的那些迹象，你会发现这个过程非常有趣。

接下来，我们来看看我所列举的宝宝哭闹的第四个原因——悲伤。我知道我无须向你描述悲伤，正如我无须向一个视力正常的人描述色彩一样。但出于各种原因，我不能只是提到悲伤就了事了。其中一个原因是，婴儿的情感是非常直接且强烈的，而成年人尽管非常重视宝宝这些强烈的感受，也想要在特定的时间重温自己婴儿期的这些感受，却早已学会了如何防御这些几乎难以忍受的婴儿般的强烈感受，让自己不被它们所支配。如果我们失去了深爱的人，我们不可避免地会感到悲痛，那我们也只是哀悼一段时间，朋友们也会给予理解和包容。我们最终还是会恢复过来，重新充满希望。我们不会像婴儿那样，不管白天还是夜晚，随时让自己感受极度的悲伤。事实上，面对悲痛，有人把自己防御得太好，以至于他们不能认真面对任何事物，因为他们害怕任何真实的事物。他们不能忍受爱着一个确切的人或物所带来的风险，所以他们会把风险摊到不同的人和物上，尽管这样能很好地防御悲伤，但他们可能会失去很多。如果人们还会因为一部电影而流泪，那说明他们至少还没有失去悲伤的能力！谈论宝宝因为悲伤而哭闹时，我有必要提醒大家，你们一般不会记得自己婴儿期时的悲伤，因此你们也不能直接共情宝宝的悲伤。

即使是婴儿也能发展出对剧烈悲伤的强大防御能力，但我在此要描述的是婴儿悲伤的哭声。这种大哭确实存在，而且你几乎肯定听到过。我希望可以帮助你看到婴儿在何时会因悲伤而哭，以及这种哭的意义和价值。知道了这些，当你听到婴儿的这种哭声，你可能就知道该怎么做了。

当你的宝宝表现出因悲伤而哭的能力时，他已经在自己的情感发展上走了很长一段路了。但和愤怒地大哭一样，你不必人为地让宝宝因悲伤而哭，因为这不会给你带来任何收获，正如你会无法控制地让宝宝愤怒一样，你也无法控制地让宝宝悲伤。但愤怒和悲伤有一个不同之处——愤怒基本上是对挫折的直接反应，而悲伤却意味着婴儿头脑中有非常复杂的思维活动，这一点我会在后面详述。

我们首先来聊一聊婴儿悲伤时的哭声。我想你们都会认同，这个哭声中带着一些乐感。有人认为，悲伤的哭声是更有价值的音乐的主要来源之一。悲伤的哭某种程度上能够让婴儿给自己解闷。他哭的时候可能轻而易举地尝试不同的音调，借此消磨时间，等待着睡眠到来，让他不再忧愁。等他再大一点的时候，你会真的听到他哼着悲伤的曲调让自己睡着。而且大家知道，眼泪更多来自悲伤的哭而不是愤怒的哭，因此没有悲伤的哭，宝宝就会眼干鼻燥（眼泪不顺着脸庞流下时，就会流到鼻子里）。所以不管在生理层面还是心理层面，流泪都是健康的事情。

或许我可以通过一个例子来说明悲伤的价值。我会以一个18个月大的孩子来举例说明，因为发生在这个年龄的宝宝身上的事情，你们会更容易相信，同样的事情发生在更小的婴儿身上就会太模糊了。这个小女孩在4个月大的时候被领养了，她在被收养之前有着不幸的经历，因此特别依赖妈妈。我们可以说，她没能像那些幸运的宝宝一样，在头脑中建构起好妈妈的观念。因此，她会紧紧地抓住身边这个把她照顾得很好、真实存在的妈妈——她的养母。这个孩子如此需要养母在身边，以至于养母觉得自己一定不能离开她。在女孩7个月大时，养母曾将她交给一个非常可靠的照料者，离开了半天，但后果几乎是灾难性的。女孩18个月大的时候，养母决定度假两周，她跟孩子做了充分的沟通，把孩子交给了一个自己非常熟悉的人。在这两周里，孩子大多数的时间都在尝试打开养母的房门，她不能接受养母不在的事实，非常焦虑，根本无法玩耍。她太害怕了，因此无法感受到悲伤。对这个孩子来说，可以说世界在这两周停止了运转。当养母最终回来时，这个孩子等了一会儿，确定自己看到的是真的之后，她抱住了养母的脖子，沉浸在深深的悲伤和哭泣之中，之后她恢复到了正常状态。

从我们局外人的视角来看，在妈妈回来之前，这个孩子的悲伤是真实的。但从她自己的视角来看，她本来没有悲伤，直到她知道妈妈在这里了，她可以悲伤，可以让眼泪滑落到妈妈的脖子上。为什么会这样呢？或许我们只能说，这个小女孩必须要先处理自己极度的恐惧，也就是要处理她因为妈妈的离开而对妈妈的痛恨。我之所以选择这个例子，是因为这个孩子非常依赖她的养母（而且很难从其他人身上找到母亲般的感觉),这让我们很容易看到如果孩子痛恨自己的妈妈,那孩子会觉得多么危险。因此她一直等到妈妈回来。

但妈妈回来时,这个孩子又是怎么做的呢?她可能会走过去咬妈妈。如果你们有过这样的经历,我一点也不会感到惊讶。但这个孩子抱着妈妈的脖子抽泣了起来。妈妈会怎样理解这个行为呢?如果妈妈把她的理解汇成语言(我很高兴她没有这么做),那她可能会说:"我是你唯一的好妈妈。当你发现你会因为我的离开而恨我的时候,你感到很害怕。你对恨我感到抱歉。不仅如此,你觉得我离开是因为你做了什么坏事,或者是因为你对我的要求太高了,或者是因为你恨我。因此你觉得你是我离开的原因,你觉得我永远地离开了。直到我回来,你抱着我的脖子的时候,你才敢承认,你有能力让我离开,哪怕是我跟你在一起的时候,你也有这个能力。通过悲伤,你赢得了搂着我的脖子的权力,因为你表现出了自己觉得我的离开让你受伤,但这是你的错。事实上你觉得内疚,仿佛你是世界上一切坏事的起因,但其实你只是造成我离开的一点点原因。宝宝会带来麻烦,但是妈妈也预料到了这一点,而且喜欢宝宝带来麻烦。你对我的格外依赖让我尤其容易疲惫不堪。但我选择了领养你,我也从未因为疲惫不堪而憎恨你……"

妈妈本可以说出这一番话,但谢天谢地,她没有这么做;实际上,这些念头从没出现在她的脑海中。她正忙着拥抱她的小女孩呢。

只是一个小女孩的啜泣,为什么我说了这么多?我相信,当一个孩子展露悲伤时,不同人对此的解读都是不同的。我敢说我刚才说的那些话并不完全准确,但也并不是完全不对。我希望我刚才的那番话能够让你明白,悲伤的哭是非常复杂的,它意味着你的宝宝已经在世界上有了一席之地。他不再如浮萍般随波漂流,他已经开始为周遭的环境负起责任,而不是仅仅对环境做出反应。但麻烦在于,他开始时会觉得自己要对发生在自己身上的以及他生活中的外部因素完全负责。慢慢地，他才能够区分出他真正需要负责的事情。

接下来，我们来比较一下悲伤的哭和其他类型的哭。你会看到，从宝宝出生之后，随时都能看到宝宝因为痛苦和饥饿而哭。当宝宝能够做出一些推断时，他才会出现愤怒的哭。害怕是因为宝宝预料到即将到来的痛苦，这意味着宝宝已经发展出了一些观念。而悲伤则比这些情感要高级很多，如果妈妈能够理解悲伤背后的那些东西，那她就不会错过某些重要的东西。人们常常在宝宝说了"谢谢"或者"对不起"时觉得很高兴，但其实在宝宝会说这些话之前，他们都是用悲伤的哭泣来表达这些话语。相较于教会宝宝用言语来表达感激和歉意，这种悲伤的哭泣要有价值得多。

从我对那个悲伤的小女孩的描述中，你可能会看到，她搂着妈妈的脖子哭泣是完全合乎逻辑的。当一个容易生气的宝宝对自己与妈妈的关系感到满意时，人们很少会看到他生气。如果他一直待在妈妈的腿上，那应该是因为他不敢离开，而妈妈可能是希望他离开的。但是宝宝悲伤的时候，可以被抱起来，因为他对伤害自己的事情负责，他赢得了与人保持好的关系的权力。事实上，悲伤的孩子需要你更加外露地用肢体表达爱。但他不需要你摇动他或者胳肢他逗他笑，或者用其他方式让他从悲伤中分神。他处在一种哀伤的状态，需要一定的时间来恢复。他只需要知道你会持续地爱着他，有时甚至最好容忍他躺在那里大哭。记住，在婴儿期和儿童期，没有什么感觉比真正自然地从悲伤和内疚中恢复更棒。这是如此真切，以至于宝宝有时会故意淘气，就为了能够感受到内疚而哭泣，然后被原谅。他是如此渴望重现从悲伤中恢复的经历。

我已经描述了各种不同的哭闹。其实能说的还有很多，但我想，对于不同种类的哭的区分或许已经能够对你有所帮助。我还没有描述绝望的哭——当宝宝意识到已经没有了希望时，他会崩溃，所有其他种类的哭都会变成这种哭。或许你的宝宝从来没有这么哭过，如果有，那这个情形已经超出你的掌控了，你需要获得帮助，尽管如我所说，在其他情况下你比任何人都更能照顾好自己的宝宝，但此时情况非同寻常。我们通常是在机构中听到这种绝望崩溃的哭，因为机构不能为每个宝宝分配一个专属的妈妈。我提及这种哭，只是为了表述的完整性。你愿意全身心投入地照顾宝宝，这意味着宝宝是幸运的。除非有什么意外的情况干扰了你照顾宝宝的正常节奏，否则宝宝会一直健康成长，你会知道他什么时候对你生气、什么时候爱你、什么时候想要摆脱你、什么时候焦虑害怕以及什么时候只希望你能理解他正在经历悲伤。

10
一点一滴地认识世界

如果你听过一些哲学辩论,你会发现人们总是对真实与虚假的问题侃侃而谈。可能一个人会认为我们能触摸到、看到和听到的是真的,而另一个人则认为感觉是真的才是真的,比如一个噩梦,抑或对一个插队坐公交的人的厌恶。这些听起来都有点难以理解。这些事情与照顾自己宝宝的妈妈能有什么关系呢?我希望我在后面能够解答这个问题。

有宝宝的妈妈处理的是不断发展变化的情况。宝宝一开始对世界一无所知,但当妈妈完成了自己的工作时,宝宝已经成长为一个了解这个世界、能够在这个世界中生存、甚至能参与改造世界运行方式的人。这是多么大的成长啊!

不过,你在生活中会认识这么一些人,他们难以认识那些我们称为真实的东西。他们不觉得这些事物是真实的。对你我而言,我们会感觉有时候发生的事情比其他时候更加真实。任何人都会有一些让他觉得比现实还要真实的梦境。而对于一些人来说,他们的想象世界比我们所说的现实世界要真实得多,因此,他们根本无法在现实世界中好好生活。

现在我们来思考一下,为什么正常、健康的人能够感受到世界的真实性,又同时感受到想象的个人世界的真实性呢?你我为什么是这样的呢？这是一个很大的优势，因为如果我们能同时感受到两种真实性，我们就可以运用自己的想象，让这个世界更加振奋人心；我们还可以利用真实世界的事物来丰富自己的想象。不过，我们天然就会拥有这样的能力吗？我想要表达的是，除非在我们每个人生命最初的阶段，妈妈将世界一点一滴地逐渐介绍给我们，否则我们不会是这样的。

那孩子在2岁至4岁时是什么样的呢？在如何看待世界这个问题上，我们对刚刚学会走路的孩子有什么了解呢？对于一个学步的孩子来说，每一种感受都是无比的强烈。我们成年人只在某些特殊的时刻才能感受到这种美妙的、只属于儿童早期的强烈感受。任何不让我们感到恐惧就能让我们有这样感受的事物，我们都会欢迎。有的人可能因为音乐或画作而有这种感受，有的人可能是因为一场足球赛，还有的人可能是因为盛装参加舞会或者瞥见女王的车从身边驶过。幸福属于那些实事求是，却又同时保有享受这种强烈感受的能力的人，哪怕这种感受只出现在记忆中的梦境里。

对于小孩子来说，生命不过是一系列极度强烈的体验，对于婴儿来说就更是如此了。你应该知道，当你打断孩子的玩耍时，会发生些什么。事实上，你喜欢给孩子警告，希望如果可能的话，孩子可以停止玩耍并容忍你的干涉。一个叔叔送给你儿子的玩具是真实世界的一小部分，但如果这个玩具是恰当的人在恰当的时间以恰当的方式送给他的，那这个玩具对他就有某种特殊的意义，这一点我们应当要理解并接受。或许我们会记得自己小时候拥有过的某个玩具以及它当时对我们来说意味着什么。如果我们现在还能在书橱里看到它，那它看起来是多么无趣啊！2岁至4岁的孩子可以同时身处两个世界。我们与他们所共享的世界也是他们自己的想象世界，因此孩子能够非常强烈地体验到它。原因在于当我们跟这个年纪的孩子打交道时，我们不坚持让他们准确认知外部世界。一个孩子不需要一直实事求是。如果一个小女孩想要飞翔，我们不要说"小朋友不会飞"，而是把她抱起来，高高举过头顶，把她放到橱柜上，让她觉得她像一只鸟一样飞到了自己的巢穴。

很快，孩子自己就会知道飞行不可能实现。或许孩子会梦到在空中飞行，像拥有了魔法一样，或者至少会梦到走很长的楼梯。一些童话故事就是成年人在此基础上创作而成的，比如七里靴的故事或者魔毯的故事。孩子在10岁左右的时候会开始练习跳远和跳高，试图比其他人跳得更远、更高。而这就是除了梦境之外，孩子3岁时所产生的飞行的想法和与之相关的强烈感觉的所有残留了。

重要的是，我们不会把现实强加在小孩子身上。我们也希望，即使孩子到了五六岁的时候，我们也不必把现实强加给他们，因为如果一切顺利的话，到了这个年纪，他们自己就会开始有兴趣研究这个成年人称之为真实世界的东西。真实世界可以带给孩子很多东西，只要对于真实世界的接受不意味着失去个人想象世界或者内在世界的真实性。

对于小孩子来说，内在世界既是内在的，也是外在的，这对他们来说顺理成章。因此，当我们和孩子玩游戏，或者以其他方式参与他们的想象性体验时，我们就进入了他们的想象世界。

我知道一个3岁的小男孩，他很快乐，他每天都在自己玩耍或与其他小孩子玩耍，他能像大人那样坐在桌子旁吃饭。在白天，他已经渐渐能够分辨我们所说的真实世界和我们所说的孩子的想象世界之间的区别。他晚上是怎样的呢？他要睡觉，肯定就会做梦。有时他尖叫着醒来。妈妈立刻起身走过去，打开灯，把他抱在怀里。他会因此开心起来吗？不，相反，他大叫道："走开，你这个女巫！我要妈妈。"他的梦境世界延伸到了我们所说的现实世界。接下来的20分钟，妈妈只能等着，什么也做不了，因为对孩子来说，她是个女巫。忽然，他用胳膊搂住妈妈的脖子，依偎着妈妈，仿佛妈妈刚刚出现一样。他还没来得及跟妈妈讲梦中女巫的扫帚，就又睡着了，妈妈就可以把他放回婴儿床，然后回到自己的床上。

还有一个7岁的小女孩，她是个可爱的孩子。但她会告诉你，在新学校里，所有的孩子都针对她，老师很可怕，总是挑她的错，拿她做反面教材，还羞辱她。对此我们应当怎么办呢？你当然要去学校跟老师谈一谈。我并不是说所有的老师都是完美的，但你可能会发现这个老师是个非常简单直率的人。事实上，这个孩子似乎总是招惹是非，老师对此也感到烦恼。

借此，你便又对孩子加深了些理解。他们并不完全了解世界是怎样的。我们一定要容许他们有那些在成人身上会被称为妄想的部分。或许你请老师喝茶，聊一聊，就解决了整个问题。但可能很快你就会发现孩子走向了另一个极端：她非常依恋这个老师，甚至极度崇拜老师，现在她反而因为老师爱她而害怕其他孩子。不过，随着时间流逝，整个事件最终会平息下来。

现在，我们再来看看幼儿园里更小的孩子们。我们很难凭着我们对老师的了解来判断孩子们会不会喜欢老师。你可能认识老师，可能不会常常想起老师。老师不太讨人喜欢，因为老师在她妈妈生病时表现得很自私或者她做了别的什么事情。孩子对老师的感觉却并不是基于这些事情。孩子可能会变得依赖老师、爱老师，因为老师可靠，而且和蔼友善。老师可能很轻易就成为孩子幸福成长所必不可少之人。

但这一切都源自早期妈妈与婴儿建立的关系，而这段关系有一些特殊的条件。妈妈与她的宝宝分享的是专门为他而隔出来的一点儿世界，妈妈会让这个共享的世界很小，不至于让孩子感到混乱，但妈妈会随着宝宝能力的增长而逐步扩大这个世界，从而满足宝宝享受这个世界的需求。这是妈妈最重要的职责之一，而她很自然地就这么做了。

如果更仔细地来审视这一点，我们会发现妈妈做的两件事情对此有所助益。其一是她不辞辛苦地避免意外情况出现。意外情况会带来麻烦，比如在断奶期间把宝宝交给别人照顾，或者在宝宝患麻疹的时候开始给宝宝吃固体食物。其二则是妈妈能够区分事实与幻想。这一点是值得我们仔细研究的。

当那个3岁的孩子夜里醒来后把他的妈妈叫作女巫时，妈妈很清楚自己不是女巫，所以她愿意等待，直到孩子缓过神来。第二天，孩子问她："妈妈，世界上真的有女巫吗？"她毫不迟疑地回答："没有。"同时她找出了一本有女巫的书。当你的小男孩转过头，不肯吃你用最好的食材特别为他做的牛奶布丁，而且还做出鬼脸，想要表达这个布丁有毒，你不会生气，因为你清楚地知道，这是件好事。你也知道，他只是在那一刻觉得这个布丁有毒。你想出各种方法来解决这个难题，很可能孩子没过几分钟就津津有味地吃掉了这个布丁。如果你自己对真假都不确定，那你就会焦虑得团团转，想要逼迫孩子吃下这个布丁，从而向自己证明这个布丁是好的。

你对什么是真和什么是假的清楚认知能够以各种方式帮助孩子，因为孩子正在渐渐认识到：世界并不是他所想象的样子，想象的世界并不与真实世界一样，二者是彼此需要的关系。你知道你的宝宝喜欢的第一个物件是什么——一个小毯子或者一个柔软的玩具。对婴儿来说，这个物件几乎是自己的一部分，如果别人把它拿走或者洗掉，那将会是一场灾难。当宝宝开始自己扔东西了（当然，宝宝期待它们会被捡起来并放回来），那你就知道你的宝宝现在能够容许你离开一会儿了，因为他知道你会再回来。

我想先来讲讲最开始的时候。如果开始的时候顺利，后面的事情就容易了。我想先再次回顾早期的喂哺。还记得我在前面对此的描述吗？就在宝宝开始想喝奶时，妈妈会把乳房（或奶瓶）放在宝宝够得到的地方，然后当宝宝脑海中乳房的观念消退时，妈妈又会移开乳房（或奶瓶）。你看出来了吗？妈妈在这样做的时候，就是在把世界介绍给宝宝，这是一个好的开始。宝宝出生后的 9 个月里，妈妈大概会给宝宝喂奶 1000 次；再想想她做的其他事情，她对巧妙地迎合宝宝的需求有着同样微妙的适应能力。对于幸运的婴儿来说，世界一开始就以一种能够与他的想象交汇的方式来运转，因此世界就被编织到他的想象中，而宝宝的内在生命也因他所感知到的外部世界而更加丰盈。

现在，我们再次回到那些谈论"真实"的人。如果他有着足够好的妈妈，在他小的时候以这种方式让他认识了这个世界，正如你对你的宝宝所做的那样，那么他就能明白"真实"意味着两个层面，他也就能同时感受到两种现实。与他争论的人则可能在开始认识世界的时候被妈妈弄得一团乱，那他就只能有其中一种真实。对于这个不幸的人来说，要么世界就在那里，每个人看到的都是一样的；要么一切都是想象的和个人的。这样的两个人可以一直争论下去，也争论不出个结果。

因此，很多东西都依赖于世界一开始是怎样被呈现给婴儿和成长中的孩子的。好的妈妈可以开始并坚持一点一滴地向宝宝介绍这个世界，不是因为她们像哲学家一样智慧非凡，而是因为她们满怀对宝宝的爱。

11
把宝宝看作一个人

我一直在思考，应该如何把宝宝看作一个人来描述。我们很容易看到，当食物进入宝宝的身体后，它会被消化，其中一些会被分配到身体的各个部位，用于宝宝成长；一些会作为能量被储存起来；还有一些会通过这样或那样的方式被排出体外。这是从机体层面来看宝宝。同样是这个宝宝，如果看宝宝内在的这个人，我们就能看到除了有身体的喂哺体验外，还有想象的喂哺体验，而二者互为基础。

我认为，你不妨想象自己因爱而做的这些事都像食物一样进入宝宝体内。宝宝会运用这一切来创造一些东西，不仅如此，他还会分阶段地先利用你，然后再丢弃你，就像他对待食物那样。或许我得让宝宝突然长大一点，才能更好地解释我的观点。

假设有一个 10 个月大的宝宝。他坐在妈妈的腿上，此时他的妈妈在跟我说话。他现在醒着而且很有活力，很自然地，他会对周遭的事物产生兴趣。我没有把所有的东西都弄得一片混乱，而是在桌角放了一个有吸引力的东西，这个桌角就在我和他妈妈的位置之间。妈妈和我一直聊天，但我们可以用眼角的余光看着宝宝。我们几乎可以确定，如果他是一个正常的宝宝，那他肯定会注意到这个东西（就假设是勺子吧），而且会伸手去够它。事实上，可能就在他刚刚够到勺子的一瞬间,他突然变得特别收敛,他仿佛在想:"我最好先想清楚,不知道妈妈会怎么看呢。在想清楚之前,我最好先克制一点。"因此,他会放弃这个勺子,仿佛他的意识里没有进一步的想法一样。但过一会儿,他又会重新对这个勺子产生兴趣,他会试探性地把一根手指放在勺子上。他可能会抓住勺子,看看妈妈,看是不是能从她的眼睛里得到一些讯息。此时我通常不得不告诉妈妈该怎么做,否则妈妈可能会进行太多的协助或干涉。因此,我会告诉妈妈尽可能少地参与其中。

他逐渐从妈妈的眼神中发现,他正在做的这件事情没有遭到反对,所以他开始把勺子当成自己的,把它握得更紧了。但他还是非常紧张,因为他不确定如果他对这个勺子做了自己非常想做的事情,会发生些什么,他甚至都不确定自己究竟想拿它做什么。

我们猜想,过一会儿他就知道自己想拿它做什么了,因为他的嘴巴开始兴奋了。他仍然安静多思,但他的唾液开始从嘴里流出来。他的舌头看上去湿答答的。他的嘴巴开始想要这个勺子,他的牙龈开始想要咬这个勺子。没过多久,他就把勺子放进了嘴里。之后他就对勺子有了正常攻击性的感受,那是狮子、老虎和婴儿得到好东西时都有的反应。他好像要吃了这个东西。

我们现在可以说,宝宝拿到了这个东西并把它当成了自己的。他不再沉思和怀疑,不再沉默,而是变得自信,而且这个刚刚获得的东西让他感觉相当充实。我认为在宝宝的幻想中,他已经吃掉了这个勺子。这个已经被他以某种幻想的方式当成是自己的物品的勺子,现在也像进入他的体内的食物一样,被他消化后成了他的一部分,因而可以被他所用。那他如何使用这个勺子呢?

你一定知道答案,因为你家里时常会发生这样的事情。他会把勺子放进妈妈的嘴里来喂妈妈,他会要妈妈假装吃这个勺子。请注意,宝宝并不想让妈妈真的咬这个勺子,如果妈妈真的让勺子进了她的嘴巴，那宝宝会非常害怕。这是一个游戏，是在锻炼宝宝的想象能力。他在玩耍——宝宝总是想办法玩耍。他还会做些什么呢？他会喂我，他可能也想让我假装吃这个勺子。他可能会向房间另一端的某个人的嘴巴做出手势。他会跟每个人分享这个好东西。他自己已经享用过这个勺子了，为什么不让每个人都享用它呢？他有了一个可以慷慨地分享给他人的东西。接下来，他把这个勺子放进了妈妈的衬衫里，妈妈的乳房就在那里，然后他再重新发现这个勺子，把它拿出来。接着，他把勺子塞到吸墨垫板下面，玩着丢掉它又发现它的游戏；又或者他注意到了桌子上的碗，开始用勺子把想象的食物从碗里舀出来，假装在喝汤。这是一个丰富的体验，与食物在身体中神秘的消化过程如出一辙——从食物被吞咽后消失，到食物的残留从身体末端排出的屎尿中被发现。不同的宝宝会以不同的方式丰富他们的内在，如果展开来讲的话还可以说上很久，在此我不再赘述。

最后，宝宝弄掉了这个勺子，他的兴趣好像开始转移到其他东西上了。我会把这个勺子捡起来，宝宝还可以再次拿起这个勺子。宝宝似乎确实还想要这个勺子，他又开始了这个游戏，像刚才那样把勺子当成自己的一部分来使用它。哦不，他又把勺子弄掉了！很显然，宝宝弄掉勺子并不纯属偶然。或许他喜欢勺子掉在地上的声音。我们可以再看看。我会把勺子再递给他。这回，他接过勺子，然后故意让它掉在地上，他想要的就是弄掉勺子。我再次把勺子递回去，这次他几乎就是把勺子扔了出去。现在他开始去够自己感兴趣的其他东西，不再玩这个勺子了，我们的观察也就结束了。

我们看着这个宝宝对某个东西产生兴趣，并把它变成自己的一部分；我们看着宝宝使用它，最后不再理它。这样的事情在家里一直在发生着，但是在这个特殊场景下，宝宝可以从头到尾完成一整个体验，我们可以更清楚地看到事情的发生过程。

在观察这个小男孩的过程当中,我们学到了什么呢?

首先,我们见证了一次完整的体验过程。由于场景受控,我们可以看到事情的开端、发展和结局,这是一次完整的事件。这对宝宝也有好处。当你很着急或者被人打扰的时候,你无法让这样的事件完整地发生,而你的宝宝则更可怜。当你有时间的时候(当你照顾一个宝宝时,你势必应该让自己有这样的时间),你可以等候这类事件的发生。这样的完整事件能够帮助宝宝建立时间的概念,因为他们并不是一开始就知道,当一件事情发生时,它最终会结束。

你明白了吗?只有当有明显的开端和结局时,宝宝才能享受中间的发展过程(如果是不好的体验的话,宝宝就要容忍中间的过程)。

给宝宝充分的时间,让他有这些完整的体验,参与这些体验过程,你就会逐渐为宝宝打下基础,让他最终能够享受各种体验,而不是在过程中感到紧张不安。

其次,通过观察那个宝宝和勺子的互动,我们还可以学到另一点。我们看到了宝宝在开始一个新的活动之初,会有怀疑和犹豫。我们看到了他伸出手去触碰,想拿起那个勺子,在简单思考之后他暂时收回了自己对勺子的兴趣。在认真判断妈妈对此的感受之后,他又重拾了对勺子的兴趣,但他还是感到紧张不安,直到他终于把勺子放进嘴里咀嚼。

当出现新的状况时,如果你在身边,宝宝会想要先询问你的意见。所以你需要清楚地知道什么可以让他触碰,什么不可以。最好的方法也是最简单的,那就是不要把宝宝不能拿、不能放在嘴里的东西放在宝宝身边。宝宝在试着了解你的诸多决定背后的指导准则,从而最终可以预见哪些事情是你允许他做的。不久之后,语言也能对此有所助益。你会说"这个太尖了"或者"这个太烫了",或者其他表明有危险的词句。你还会用某种方式让宝宝知道,你在洗东西时放在一边的结婚戒指,不是用来给他玩的。

妈妈们看到了吗？你可以帮助你的宝宝知道什么是可以碰的、什么是不可以碰的，从而确保他不会把什么都弄得一团糟。你能确保这一点，是因为你清楚地知道要禁止哪些行为以及为什么，还有就是你就在那里，做一个事前"阻止者"，而不是事后"疗愈者"。另外，你还可以准备一些宝宝可能会喜欢拿起来咀嚼的东西。

此外还有一点，我们还可以从技能学习的角度谈谈我们看到了些什么。宝宝学着伸出手，找到、抓取某个物体，然后把它放进嘴里。一个6个月大的宝宝就能够完成这一整套程序，对此我惊讶不已。而一个14个月大的宝宝的兴趣则会变化多端，让我们没有办法像在这个10个月大的宝宝身上一样这么清楚地看到整个过程。

不过，我认为我们从观察这个宝宝的过程中学到的最有意义的一点是：我们发现，他不只是一个宝宝，他是一个人。

记录宝宝不同技能出现的年龄会非常有趣，但这其中有着比技能更加丰富的内涵。那就是，宝宝会玩耍。通过玩耍，宝宝表明他已经在自己内部建立起了某些东西，我们可以称之为玩耍的素材。这是一个充满想象力和生命力的内在世界，宝宝通过玩耍来表达这个内在世界。

谁能准确知道婴儿最早是在什么时候开始有想象世界的呢，而且这个想象世界还与身体经验彼此丰富？婴儿3个月大的时候，可能会把一根手指放在妈妈的乳房上，假装在喂妈妈。在此之前的几周是否还有一些迹象呢？又有谁能知道。很小的婴儿可能在从乳房或奶瓶喝奶的同时，还会想要吮吸拳头或手指（所谓鱼与熊掌兼得），这表明宝宝的吮吸不仅仅是出于满足饥饿感的需要。

那么，我是在为谁写作呢？是从一开始就毫不费力地把宝宝看作一个人的妈妈们。但是会有人告诉你，宝宝在6个月大之前都只有身体和本能反应，他们还不算完整的人。不要听信这些人的话，好吗？

尽情享受把宝宝看作人，发现宝宝内在的过程吧，因为宝宝需要你这么做。这样你会愿意从容、耐心地等待宝宝玩耍。正是这个玩耍的过程，最能体现出宝宝内在世界的存在。如果宝宝的玩耍与你的玩耍产生了碰撞，宝宝内在的丰富性就会绽放，你们两人玩耍的经历也会成为你们母子关系中最好的篇章。

12
断奶

你现在应该已经足够了解我，知道我不会告诉你到底该如何断奶以及何时断奶。好方法不止一个，你可以向你的家访护士或去医院寻求建议。我想做的是跟你概括性地谈一谈断奶，让你无论采用哪种断奶方法，都能明白自己究竟在做什么。

事实上，大多数妈妈在断奶这件事上都不会遇到什么困难。这是为什么呢？

主要的原因是喂奶本身进行得很顺利，那宝宝就真的有了要戒掉的东西。你不可能从一个人身上夺走一个他从未拥有过的东西。

我现在还清楚地记得，当我还是个小男孩的时候，有一次，我被允许尽情地吃树莓和奶油。那是个美妙的经历。这个记忆比吃树莓本身更让我开心。或许你也记得一些类似的事情。

所以断奶的基础是良好的喂哺体验。通常来说，一个 9 个月的宝宝会经历 1000 次左右的乳房喂哺，这给了他很多美好的记忆，或者说是美梦的素材。但这不仅仅是由于 1000 次这个数量本身，还因为妈妈和宝宝相处的方式。妈妈能够巧妙地去适应宝宝的需求（我在前文已多次提到了这一点），这会让宝宝开始觉得世界很可靠。世界会去认识宝宝，宝宝也会去认识世界。妈妈最初与宝宝的配合会自然带来宝宝与妈妈的配合。

如果你像我一样，认为宝宝从一开始就有想法，那你或许可以理解。其实对宝宝来说，喂哺时间通常是不愉快的，因为它打扰了宝宝安静的睡眠或清醒的沉思。本能需求是凶猛骇人的，起初这些需求对宝宝来说仿佛是对自身存在的威胁。饥饿的感觉犹如被饿狼附身。

9个月大的婴儿已经习惯了这些，即使在本能冲动支配之下也能保持镇定。他甚至已经认识到，作为一个活着的人，就是会有这些冲动。

随着宝宝发展成为一个人类个体，我们可以看到，安静时候的妈妈逐渐被宝宝认知为人，正如她表现出的那样，一个迷人又珍贵的人。那么，感到饥饿、感到自己无情地攻击这个妈妈，那该是一件多么糟糕的事情啊。难怪婴儿经常没有食欲。难怪有些婴儿不能接受乳房是妈妈的，而是把自己所爱的完整而美丽的妈妈与那些攻击对象（乳房）分开来看。

成年人在爱着彼此时很难不顾一切地全情投入，这会造成痛苦以及不幸的婚姻。从这个方面以及其他许多方面来说，健康的基础是，这个妈妈不害怕婴儿的想法，即使在婴儿全力攻击自己的时候也爱着他，因而能够在整个婴儿期给他完整的体验。

或许你现在已经明白，妈妈用乳房给宝宝喂奶以及宝宝用乳房吃奶为什么能带来更丰富的体验。这一切同样可以用奶瓶来完成，而且通常来说在亲喂一段时间后最好切换到奶瓶，因为奶瓶喂奶不那么让宝宝兴奋，这对宝宝来说更容易接受。但完整的乳房喂哺体验及其终结是良好生活的基础。它会给宝宝带来丰富的梦境，培养宝宝勇于承担风险的能力。

一切美好的事物都终将结束，但结束也是美好的一部分。

上一章中，我描述了一个抓勺子的孩子。他拿起了勺子，把它放进了嘴里，享受着拿着它玩耍的乐趣，然后丢下了它。因此，宝宝有了结束的观念。

显然，7个月至9个月的宝宝就已经开始玩扔东西的游戏了。这是一项非常重要的游戏，它可能会让人生气，因为要一直有人帮宝宝捡起被他扔掉的东西。哪怕是在大街上，你也会在走出店铺后发现宝宝把婴儿车里的一只泰迪熊、两只手套、一个枕头、三个西红柿和一块香皂扔到了人行道上。你很可能看到有人在帮宝宝捡回这些东西，因为宝宝显然知道有人会帮他。

9个月大的时候，大多数宝宝已经对扔东西很有经验了。他们甚至会自己断奶。

断奶的目标其实是运用宝宝正在发展的摆脱东西的能力，让不喝奶成为一种常态。

但我们一定要明白为什么要让宝宝断奶，为什么不一直给宝宝喂奶。我认为永不断奶未免太感情用事了，从某种角度来说也不切实际。断奶的想法一定要来自妈妈。她一定要够勇敢，能够忍受宝宝的愤怒和伴随愤怒而来的可怕的想法，而且坚持到底，为美好的喂哺体验画上一个圆满的句号。毫无疑问，有着好的喂哺体验的宝宝很乐意在适当的时候断奶，尤其是只有断奶之后，宝宝才会有更大的体验空间。

当然，到了要断奶的时候，你已经在给宝宝吃其他食物了。你开始让宝宝咀嚼一些固体食物，比如脆饼干。你也可能每天给宝宝喂一次汤或者别的什么东西，来代替母乳喂养。你可能已经发现，宝宝拒绝任何新的食物，然后发现如果你等等再让宝宝尝试这个新的食物，宝宝可能又会接受。通常来说，妈妈没必要突然就完全从乳房喂奶转变到完全不用乳房喂奶。如果（因为疾病或其他不幸的原因）你不得不突然转变，那你肯定会遇到麻烦。

如果你知道断奶的反应有多么复杂，你自然就不会在断奶的时候把宝宝交给别人照顾。如果在断奶的同时还要换到另一个家里去，比如要去跟姨妈住，那宝宝也太可怜了。如果你在宝宝断奶时为宝宝提供一个稳定的环境，断奶也可以是让宝宝成长的体验。但如果你不能做到这一点，那断奶就会成为诸多难题的根源。

还有一点，你很可能发现，宝宝白天在断奶的道路上一往无前，但是在晚上睡前，他只能接受乳房喂奶。你要知道，宝宝在成长，但是他成长的步调时急时缓。你会发现宝宝一直如此。在孩子的表现与他的实际年龄相当时，你会觉得很开心；或许在某些时刻，他会表现得超出自己的实际年龄；但他也不时会表现得就像一个婴儿一样，甚至是一个很小的婴儿。而你要适应这些变化。

你的大男孩全副武装，与敌人勇敢作战。他向所有人发号施令。当他站起来时，他的头撞到了桌子上，然后他突然就变成了一个婴儿，他的头靠在你的腿上，号啕大哭。你预料到会这样，你预料到你12个月大的宝宝有时会像一个只有6个月大的宝宝。在任何一个特定时刻都能知道你的宝宝多大了，这是经验丰富的妈妈的职责的一部分。

因此，你可能会在白天给宝宝断奶后，晚上又给他用乳房喂一次奶。但最终你还是要彻底断奶。相较于不能下定决心，如果你清楚地知道自己的目标是什么，那这个过程对宝宝来说会更加容易。

对于你如此勇敢地要进行的断奶，你觉得宝宝会有什么反应呢？如我前文所说，宝宝可能会自己断奶，那你就不会遇到任何麻烦。但即使是这样的情况下，宝宝对于食物的热情也会减弱。

一般而言，如果断奶的过程是在一个稳定的环境下以渐进的方式实现的，那就不会有什么特别的麻烦。婴儿显然喜欢这样一个新的体验。但我也不希望你认为断奶后如果婴儿有一些反应就很不寻常，哪怕是一些严重的反应。一个喂哺体验良好的宝宝的反应可能会是失去对食物的渴望，或者痛苦地拒绝食物，又同时以容易激惹和哭闹来表现出对食物的渴望。这个阶段逼迫孩子进食是有害的。

对于宝宝来说，此时一切东西都变坏了，而你绕不过这个阶段。你只能等着孩子逐渐恢复进食。

或者宝宝可能会开始大叫着醒来，你只需在醒来的过程中帮助宝宝。或者一切都很顺利，但你注意到孩子开始变得悲伤，哭泣时的声调变了，变得像哀伤的音符。这种悲伤并不一定是坏事。不要觉得这种时候一定要摇晃宝宝，直到他笑了起来。宝宝有感到悲伤的事情，只要你耐心等待，他的悲伤自然会消失。

宝宝在有些时候就是会忧伤，比如在断奶的时候，因为当时的情况让宝宝生气，也破坏了一些美好的事情。在宝宝的梦中，乳房不再是好东西，他痛恨乳房，因此乳房现在是坏的，甚至是危险的，就像童话故事里坏女巫给人的毒苹果一样。对于刚刚断奶的宝宝来说，是那么好的妈妈的乳房变坏了，因此一定要给他时间，让他去恢复和调整。但是好妈妈甚至不会逃避这些。通常在一天24小时里，她不得不当几分钟的坏妈妈，她也习惯了这样。很快她就又被当成好妈妈了。最终孩子会长大，然后了解到妈妈本来的样子，既没有那么理想，也不是一个坏女巫。

因此，断奶有着更广阔的意涵——它不仅仅意味着宝宝开始吃别的食物，或者用杯子喝奶，或者自己用手吃东西，它还包含幻想渐渐破灭的过程，这也是父母的任务之一。

好的妈妈和爸爸不希望被自己的孩子崇拜。他们忍受着被理想化和被憎恨这两个极端，希望孩子最终能够看到他们就是普通的人。

13
关于宝宝作为人的更多思考

　　人类的发展是一个持续的过程，身体的发展是如此，人格和构建关系的能力的发展也是如此。任何阶段都不能被跳过，任何阶段的受损都会带来不良影响。

　　健康就是成熟，与年龄相对的成熟。如果不考虑某些不幸患病的情况，那身体的发展显然也是如此。而在心理层面，健康和成熟根本就是一回事。换句话说，如果一个人的情感发展过程中没有阻滞和变形，那就是健康的。

　　如果我上面说的没错，那这意味着妈妈和爸爸对婴儿的所有照顾不仅能给他们和婴儿带来快乐，而且是绝对必要的。没有这些照顾，孩子就不能成长为一个健康且有价值的成年人。

　　在身体层面，父母可能会犯错，甚至可能会养出患佝偻病的孩子，但情况也不可能比罗圈腿更糟糕了。但是在心理层面，如果孩子被剥夺了某些普通但必要的东西，比如亲密接触，那他的情感发展必然会受到困扰，这会体现在孩子长大后的一些人格缺陷上。反过来说，随着孩子不断成长和完成一个阶段又一个阶段的复杂的内在发展，当他最终获得了构建关系的能力时，父母就能知道他们的悉心照料是其中不可缺少的成分。这对我们所有人来说都有意义，因为这意味着只要我们是大体上成熟或健康的成年人，我们每个人都必须认识到，有人给我们的生命提供了良好的开始。我想要描述的，正是这个良好的开始——照料婴儿的准则。

一个人的发展并不是从 5 岁、2 岁或 6 个月大才开始，而是从他出生的时候就在发展了——如果你愿意这么想的话，他甚至从出生前就开始发展了；每一个婴儿从一开始就是一个人，他们需要被人了解。没人能像婴儿的妈妈那么了解婴儿了。

上面这两句话可以给我们很多启发，但是该如何做呢？心理学可以告诉一个人如何做一个妈妈或爸爸吗？我觉得恰恰相反，我们应该先研究妈妈和爸爸们自然而然去做的事情，然后再去向他们展示他们为什么要做这些事情，这样他们就会更加坚定。

我先举例说明一下。

第一个例子是一个女孩的妈妈。当她想要把小女孩抱起来的时候，她会怎么做呢？她会抓住孩子的脚，把孩子从婴儿床里拉出来，然后再抱吗？她会一只手拿烟，另一只手抓起孩子吗？她不会，她有着截然不同的方式。我觉得她会首先用某种方式提示婴儿自己即将靠近，然后她会先把双手环抱在孩子周围，然后再移动孩子；事实上，她在把宝宝抬起来之前，会先取得宝宝的配合；然后她把宝宝从一个地方抬到另一个地方，从婴儿床抱到自己的肩膀。之后她会让宝宝的头依偎在自己的脖子处，从而让宝宝开始感受到妈妈是一个人。

接着是一个男孩的妈妈。她是如何给宝宝洗澡的呢？她是直接把宝宝放在洗衣机里，然后按下清洗按钮吗？绝对不是。她知道洗澡时间对宝宝和自己来说都是一个特殊的时间。她要享受这个时间。她会做好所有的准备工作：用手肘测试水温；在宝宝因为身上涂了沐浴露而滑溜溜的时候，不让宝宝从手中滑下去。但最重要的是，她享受其中，她容许洗澡时间丰富这个发展中的关系，也就是她和宝宝之间的亲密关系。

为什么她这么费尽心思呢？难道我们不能简单、客观地说是因为爱吗？是因为妈妈内在发展出的母性，她因爱而发展出的对宝宝的深刻的理解吗？

让我们回到把宝宝抱起来这个问题上。难道妈妈不是没有经过刻意思考，就分阶段来完成了这件事吗？通过以下阶段，她让宝宝能接受被抱起来这件事情：

(1) 给宝宝预先提示；

(2) 取得宝宝的配合；

(3) 环抱住宝宝；

(4) 出于某种宝宝可以理解的、简单的原因，把宝宝从一个地方挪到另一个地方。

妈妈还会避免用冰凉的手触碰宝宝，也尽量避免在给宝宝别上围嘴时戳到宝宝。

妈妈不会把宝宝卷入自己所有的个人体验和情感中。有时宝宝一直大叫，叫到让妈妈觉得自己在被谋杀，但她仍然用同样的关爱抱起宝宝，没有要复仇的意思——或者至少没有很多。妈妈会避免让宝宝成为她自己的冲动的受害者。妈妈照顾婴儿如同医生治疗病患一样，都是对个人可靠性的检验。

对妈妈来说，今天可能恰恰是诸事不顺的一天：洗衣清单还没做好，洗衣工就打电话过来了；有人在按前门的门铃，又有人来了后门。但妈妈会在自己恢复平静之后再开始照顾宝宝，她会用一贯的温柔技巧来对待宝宝，而妈妈温柔的技巧已经成为宝宝对妈妈的认知的重要一部分。妈妈的技巧是非常个人化的，宝宝会寻找并认可这种技巧，正如寻找并认可妈妈的嘴巴、眼睛、面色和气味一样。妈妈一次又一次地处理好自己个人生活中的焦虑或兴奋的情绪，为宝宝保留属于宝宝的温柔。这给人类婴儿对两人关系这一复杂事物的理解打下了基础。

我们可以说，妈妈会根据宝宝可以理解的内容来调整自己，主动适应宝宝的需求。这种主动的适应正是婴儿情感发展所必不可少的，而妈妈尤其是在一开始的时候会适应宝宝的需求，这时宝宝只能理解最简单的情形。

我必须试着解释一下为什么妈妈会费尽心思照顾宝宝，妈妈所花费的心思是我这些简单描述远远不能覆盖的。我之所以一定要解释，原因之一是有些人真心认为前六个月里面妈妈是不重要的，并且大肆宣扬这样的观点。他们说，照顾宝宝的前六个月中重要的只有技巧，而医护人员或是保姆也能掌握好技巧。

从我的角度来说，我相信人们一定会被人教育或者在书中读到"照料自己的宝宝完全是个人化的事情，其他任何人都不可能比妈妈自己做得更好"。尽管科学家们也在研究这个问题，他们一如往常要寻求证据才能相信这个观点，但妈妈还是最好坚持这个观点：宝宝一开始就需要自己。我要补充说明一下，这个观点不是基于我与妈妈们聊天得来的，也不是基于猜测或纯粹的直觉，它是我经过长期的研究后得出的结论。

妈妈会费尽心思照顾宝宝，是因为她觉得，如果人类宝宝要发展得顺利且丰盈，从一开始就要有个人化的照料，最好是由那个孕育他的人来照料他，因为这个人内在有着对宝宝深入的兴趣，能够容许宝宝有自己的观点，喜欢让自己成为宝宝的全世界（我认为这样的想法是正确的）。

这并不意味着几周大的宝宝就能像6个月或1岁大的宝宝那样了解妈妈。在最初的几天里，宝宝只能认知到妈妈照料自己的模式和技巧，也能认知到乳头的细节、妈妈耳朵的形状、妈妈微笑的样子、妈妈呼吸的温度和气味。婴儿很早就可能在某些特殊时刻有了某种关于妈妈的整体性的想法。除了婴儿所能感知到的东西之外，他还需要妈妈一直在那里，因为只有作为一个整体和一个成熟的人类，妈妈才能有照顾宝宝这项任务所需要的爱和品质。

我曾经大胆做出这样的论述，"没有一个婴儿这回事"——意思是如果你想要形容一个婴儿，你会发现你在形容的是一个婴儿和另一个人。一个婴儿不能独立存在，而一定是一段关系的一部分。

妈妈也一定要被考虑其中。如果妈妈与婴儿的关系中断了，那妈妈就失去了一些不可复得的东西。有人会把宝宝从妈妈身边带走，几周后再把宝宝交回给妈妈，期待妈妈继续像之前一样照顾宝宝，最好"无缝连接"。这种想法表现出了对妈妈角色的理解不足。

接下来，我要尝试给宝宝对妈妈的需要进行分类。

首先我想说的是，妈妈作为一个活生生的人，被宝宝所需要。宝宝一定要能够倾听到妈妈的呼吸，触摸到妈妈的皮肤，感受到妈妈的温度。这一点至关重要。宝宝一定要能够全面感受到妈妈鲜活的身体。如果没有妈妈的在场，哪怕最娴熟的照料技巧也是浪费。医生也是同样的。村里的全科医生的价值主要在于他活着，他在那里，是人们可以获得的。人们知道他的车牌号，能够从他的后背认出他。成为一个医生需要多年的学习，这些学习可能要花费掉一个父亲所有的资产，但最终，重要的不是医生的学习和技能，而是村民们知道他是活着的、可得的。医生的物理存在满足了一种情感需求。妈妈也是如此，而且更甚于此。

心理和生理的照料如此就汇合在了一起。战争期间，我曾与一群人讨论欧洲受到战争影响的孩子们的未来。他们询问我，从心理层面来说，战后最需要为孩子们做些什么？我当时的回答是："给他们食物。"有人说："我们不是说生理层面，而是说心理层面。"我仍然觉得在恰当的时候给孩子食物是对心理需求的满足。在最为基础的层面上，爱是通过生理方面的满足来表达的。

当然，如果生理上的照料就是给孩子打疫苗，那这与心理毫无关系。宝宝不会明白你对于社区里天花肆虐的担忧——尽管医生用针扎破他皮肤一定会让他大哭。但如果生理上的照料意味着在恰当的时间给予宝宝恰当温度、恰当种类的食物（我是指从宝宝角度来说恰当的），那么这就也是心理层面的照料了。我认为这个规则很有用。只要是宝宝能够理解并认可的照料方式，哪怕它看起来只事关生理层面，那它也能同时满足心理和情感的需求。

在这第一种类别中，妈妈的鲜活存在和对宝宝的生理照料提供了必要的心理和情感环境，对于宝宝的早期情感发展是必不可少的。

其次，宝宝需要妈妈向他呈现这个世界。宝宝通过这个照料他的人的技巧而了解外在现实，了解他周遭的世界。认识外在世界是人一生的挑战，但对于刚来到这世界不久的宝宝来说，他们尤其需要帮助。我之所以需要对此做出解释，是因为很多妈妈可能从来没有这样考虑过婴儿喂哺，医生和护士当然也不会考虑喂哺行为的这个层面。下面是我的解释。

想象一个还没有被喂哺过的宝宝。他饿了，他想要吃些什么。出于自身需要，宝宝想要创造出某种让自己满足的源头，但因为没有经验，宝宝不知道要期待些什么。如果妈妈此刻把乳房放在了宝宝期待的地方，而且给了宝宝充足的时间让他用嘴巴和双手去感受，或许还有嗅觉的感受，那宝宝就"创造出"这个可以被发现的东西。宝宝最终会获得这样的幻想：这个真正的乳房正是自己的需要、贪婪和爱的原始冲动所创造出来的。视觉、嗅觉和味觉在宝宝大脑某处存储，不久之后，宝宝可能会创造出如妈妈乳房一样的东西。在宝宝断奶前，他可能有一千次的机会，就像这样被妈妈引导着了解这种外部现实。这一千次中，宝宝的感受都是他创造出了自己想要的东西，这个东西在自己需要时就在那里。而这让宝宝产生了一种信念：世界会包含他想要的、需要的东西。结果就是宝宝会希望内在世界和外在世界之间、内在原始创造性和所有人所共享的世界之间存在某种实时的关系。

因此，成功的喂哺是宝宝教育中不可缺少的部分。同样地，宝宝需要妈妈接受他的排泄物，这一点我不在此展开。宝宝需要妈妈接受通过排泄的方式来表达的关系，这种关系在宝宝能有意识地做出贡献之前以及在宝宝能够（可能在三四岁或者 6 个月大的时候）出于愧疚感而想要补偿妈妈之前就已经非常热烈；也就是说，这种通过排泄来表达的关系要早于婴儿为自己的贪婪攻击做出补偿。

最后，宝宝需要妈妈的第三种方式，是宝宝需要妈妈自己，而不是一个优秀的护理团队。在前面的章节里，我提到过妈妈让宝宝幻想破灭的职责。当妈妈给了宝宝世界可以经由需求和想象来创造的幻想（从某种意义上来讲这当然是不可能的，但我们可以把这个问题留给哲学家们），当妈妈建立了宝宝对人和物的基础的信念（我称之为发展），妈妈就必须要带着孩子走过幻想破灭的过程，这是更广义的断奶。孩子能得到的最接近现实的东西是，成年人使现实的要求可以忍受，直到宝宝可以承受最终幻想全面破灭，并把创造性发展成了可以做出实际贡献的成熟技能。

于我而言，"监牢的阴影"似乎是诗人对于幻想破灭这一过程及其不可避免的痛苦的描述。渐渐地，妈妈让孩子接受了：尽管世界能够提供某些他需要或者想要的东西，因而这个东西可以被创造出来，但世界不会自动地提供这些东西，也不会在他的情绪升起或者感受到自己的愿望时，就瞬间提供这些东西。

你有注意到我是如何逐渐把"需求"这个概念切换到"愿望"或"欲望"吗？这个变化表明孩子在逐渐成长，在逐渐接受外在现实，而他的本能冲动也随之削弱了。

妈妈暂时不辞辛苦地照顾宝宝，她甚至一开始对宝宝随叫随到。但最终，当环境不得不改变时，孩子能够摆脱这种最早期的依赖并接受两种视角的共存——妈妈的和孩子的。但妈妈如果最初没有做到被孩子当成全世界，那她就无从剥夺孩子对自己的这种依赖（断奶、幻想破灭)。

　　我并不是想说如果妈妈在用母乳喂哺孩子时遇到困难,那宝宝的整个人生就毁了。当然,有了恰当技巧的辅助,就算是奶瓶喂养,宝宝也能茁壮成长。母乳有问题的妈妈在奶瓶喂哺的过程中也几乎可以满足宝宝所需要的一切,但原则依然不变——宝宝最初的情感发展只能建立在与一个人的关系的基础上,而理想情况下,这个人就是妈妈。还有谁既能够感知宝宝的需求,又能够相应地满足宝宝的需求呢?

14
婴儿天生的道德观

人们可能终究都会问：父母应该多大程度上试图把自己的标准和信念加诸成长中的孩子？通常情况下，父母会说问这个问题是因为考虑到"训练"。"训练"这个词，就是我接下来要谈论的问题，那就是如何让你的宝宝可爱、干净、善良、听话、合群、品德高尚等等。我本想把幸福也加进来，但你无法训练一个人获得幸福。

"训练"这个词于我而言总像是照顾狗时所用的词。狗确实需要训练。我想我们能从狗身上学到一些东西，那就是，相较于你不知道自己的想法，当你确定自己的想法时，你的狗更开心。孩子也是如此，他喜欢你对事物有自己的想法。但狗不需要长大成人，因此当我们讨论如何训练宝宝时，我们需要从头来过，而最好的方法就是看看我们究竟能在多大程度上完全抛弃"训练"这个词。

我们有理由相信，是非观的发展像孩子很多其他方面的发展一样，只要孩子能够得到稳定的照顾和环境条件，孩子的是非观就会自然地出现。但这是一个复杂的问题——从冲动和想要控制一切人和事物，发展出遵守规则的能力。我无法告诉你它有多么复杂，但这样的发展需要时间。只有在你觉得值得的时候，你才会创造机会，让这一切发生。

我仍是在谈论婴儿，但从婴儿的角度来描述这最初几个月发生的事情，实在是太难了。为了便于理解，我们可以先来看看一个会画画的五六岁小男孩的情况。我会假装他能够意识到正在发生的情况，虽然事实并非如此。他正在画一幅画。他会做些什么呢？他有乱涂乱画的冲动，但那样画出来的并不是一幅画。他有原始的冲动，但同时孩子也想要表达自己的想法，而且想以一种能够被人理解的方式来表达。如果他完成了一幅画，那他就发现了一系列能够给他带来满足的"控制感"。首先他要接受特定大小和形状的纸张。然后他希望可以运用某些通过练习才能掌握的特定技巧。此外他还知道自己在完成这幅画时，画面中要有平衡——你知道的，房子的两边各有一棵树。这表达出了他所需要的平衡感，而这种平衡感很可能是从父母那里学到的。画面的兴趣点一定要平衡，光影和色彩也要平衡。兴趣点一定要分布在整张纸的各个地方，但整幅画要有一个统一的主题。在这样一个宝宝可以接受的、自己加诸了各种控制的系统中，他尝试表达一种想法，同时保留了他在诞生这个想法时的新鲜感。描述这一切的过程已经快要让我无法呼吸了，可是只要你给孩子机会，他就能很自然地实现这一切。

当然，如我前文所说，他不知道这整个过程，当然也无法用语言来表达。而婴儿对自己内在的东西了解得就更少了。

婴儿几乎和这个大一点的孩子一样，差别只是在于对于婴儿来说，这一切更加隐晦。婴儿甚至没办法用一张画来表达自己的想法，他甚至不知道自己要表达什么，但这仅有的表达也是他对社会的微小贡献了，而只有宝宝的妈妈才有足够的敏感度，可以领会这个微小的贡献。对于婴儿来说，这一切可以包含在一个微笑中，或者用手臂做出的笨拙手势中，或者是暗示想要吃奶的吮吸声中。或许敏感的妈妈会从一声呜咽声中知道，宝宝就要排泄了，如果她能及时赶到，就能处理好，否则等待她的就是一坨要清理的粑粑。宝宝最初就是通过这种方式培养合作和社会意识，而为此付出再多也值得。

很多孩子在能够自己起身尿尿且省去了不少清洗尿布的麻烦之后，又尿床了好几年，因为他们一到晚上就又回到了婴儿时期，想要重新经历那些体验，找到和弥补那时缺失的某样东西。在这种情况下，孩子缺失的是妈妈对兴奋或痛苦信号的敏感关注，只有妈妈关注到了这些信号，她才能够让宝宝后面的体验变成个人的、好的体验，毕竟只有妈妈参与了这一切。

宝宝需要把自己的生理体验链接到与妈妈的爱的关系中，同样地，他需要这个关系来克服自己的恐惧。这些恐惧本质上是原始的恐惧，是基于婴儿对粗暴报复的预期。婴儿因攻击性或者毁灭性的冲动或想法而兴奋，表现为尖叫或撕咬，然后世界似乎就立刻充满了撕咬的嘴巴、充满敌意的牙齿和爪子以及其他各种威胁。这样的话，如果不是妈妈发挥其一贯的保护作用，帮助婴儿隐藏了这些早期生存体验所带来的极大恐惧，婴儿的世界该是多么可怕的一个地方。妈妈（我也没有忘记爸爸）作为一个人出现，缓解了孩子的恐惧。渐渐地，妈妈和其他人会被孩子认知为人类。因此，孩子不是获得了一个神秘的、充满报复的世界，而是收获了一个能够理解他的冲动并做出相应反应的、能够被伤害或者会生气的妈妈或爸爸。当我这么表述的时候，你就能立刻明白，这种报复性力量是人类的或者是非人类的，对于婴儿来说有着巨大的不同。首先，妈妈明白实际毁灭与破坏性意图之间的区别。她在被咬的时候会叫出声："哎呀！"但她根本不会因为意识到宝宝想要吃了她而感到不安。事实上，她把这当成是一种恭维，是宝宝表达兴奋和爱的方式。当然，她也不是那么容易被吃掉的。她叫"哎呀！"的时候，那只是意味着她感受到了疼痛。宝宝可以伤害乳房，尤其是当宝宝过早开始长牙的时候。但妈妈确实会幸存下来，而客体的幸存让宝宝在心理上获得安慰。妈妈会给宝宝一些坚硬、不容易坏的东西，比如拨浪鼓或者磨牙环，因为你知道宝宝能够用尽全力地咬它们，这会给宝宝一种安慰。

在这些早期阶段，婴儿会将环境中那些适应性的或者"好的"东西作为自我的品质，存储在自己的体验宝库中，这些内化的环境因素最初与婴儿自身的健康功能融为一体，无法区分。宝宝会在意识层面觉知到那些让自己觉得不稳定、不安全的体验，而对"好的"体验的储存却是无意识的。

有两种方式可以让宝宝了解清洁标准和道德标准。一种是父母植入这种标准，强迫孩子接受，而不尝试将其融入孩子发展中的人格当中。不幸的是，有些孩子只经历了这一种方式，他们的发展过程是那么的不尽人意。

第二种方式是容许和鼓励孩子与生俱来的道德倾向。妈妈因为对宝宝的爱而在照顾宝宝时足够敏感，所以宝宝的个人道德感的根源得以被保留。我们已经见识了，宝宝是多么讨厌不充分的体验，如果等待可以增加人际关系的温度，那宝宝宁可选择等待，并忍受等待所造成的原始愉悦感的无法满足和挫败。我们也已经见识了，妈妈是如何给婴儿的活动和暴力行为提供一个爱的框架。在整合的过程中，攻击和毁灭的冲动与给予和分享的冲动是相关的，一种冲动会削弱另一种冲动，而强制性的训练并没有充分利用孩子的这一整合过程。

我所描述的其实是孩子逐步建立起责任感的过程，而这种责任感本质上是一种内疚感。在这个过程中，孩子在不断适应自己内在的破坏性，这就要求妈妈角色的持续存在。这种破坏性越来越成为孩子的客体关系体验中的一个特征，而我所说的这个发展过程会从6个月持续到2岁，此后孩子可能很好地融合了想要毁灭客体和同时爱着这个客体的想法。孩子在这个时期对妈妈的需要，是需要她能够在自己的攻击性中幸存下来。她既充当了环境，同时也充当了客体，一个接收兴奋的爱的客体。孩子渐渐能够整合妈妈的这两个方面，爱妈妈，同时也对妈妈充满柔情。这个过程中孩子会陷入一种特别的焦虑之中，我们称之为内疚感。婴儿逐渐能够容忍本能中的破坏性元素的焦虑感（内疚感），因为他知道自己有机会去修复和重建被自己所毁灭的东西。

　　经过这种整合过程形成的是非观比单纯由父母强加的标准更为强大。而这其中妈妈的贡献在于她的爱提供了一个稳定的环境。当妈妈不得不离开孩子，比如生病或者忙于其他事情时，我们会看到随着宝宝对于环境稳定性的信念的消失，他感受内疚的能力也在消失。

　　如果愿意的话，我们可以想象孩子发展出一个内在的好妈妈，这个好妈妈觉得任何人际关系上的体验都是值得开心的成就。在这种情况下，妈妈自己就可以不再那么敏感了，同时她也可以强化和丰富孩子发展中的道德观。

　　由此可见，文明再次在一个人类内部发展起来，而父母则需要准备好一些道德准则，当孩子更大些，想要寻求这些准则时，父母可以提供给他们。孩子本身会有着极其冷酷的道德观，也痛恨顺从他人，因为顺从意味着要牺牲他个人的生活方式，而这些道德准则的作用之一，就是教化孩子冷酷的道德观和其对顺从的痛恨。虽然对于这种道德观的教化是件好事，但千万不能扼杀这种道德观——父母可能会把平和与宁静看得太过重要。顺从会带来即时的回报，而成年人会很轻易地就把顺从错认为成长。

15
婴儿的本能和常见困难

关于疾病，大家经常会被各种演讲和书籍误导。孩子生病时，妈妈需要的是一个能够给孩子做检查并和妈妈讨论病情的医生。但正常健康孩子的常见问题则是另一回事。如果有人能够向妈妈指出，不要指望她们的孩子永远无忧无虑，健康长大，我想这会对妈妈们很有帮助。

正常健康的孩子毫无疑问也会出现各种问题。

婴儿期和童年早期的问题根源是什么呢？假如你对孩子的照料技能娴熟且稳定一致，那么你就为这个新的社会成员的健康奠定了良好的基础。那还有什么会让这个孩子出现问题呢？我认为答案主要与本能相关。接下来，我会对此进行解释。

或许你的孩子此刻正安静地躺着睡觉，或者抱着什么东西，或者在玩耍，总之他安安静静，而你喜欢他这样安静的时刻。但你心知肚明，即使是健康的宝宝，也会反复出现兴奋状态。你要么以一种方式来看待这种兴奋，认为宝宝是饿了，宝宝的身体需求或者本能需求出现了；要么以另一种方式来看待它，认为孩子开始有兴奋的想法。这些兴奋的体验在孩子的发展中起着重要作用，促进宝宝的成长，同时也丰富着宝宝的成长。

在兴奋时，宝宝有着强烈的需求。通常你能够满足这些需求，但这些需求在某些时刻是那么强烈，你不能完全满足它们。

我要说的是，其中的一些需求（比如饥饿）是普遍公认的，可以被你轻易地留意到，另外一些需求则不那么被大家广泛地了解。

事实上，身体的任何部分都可能在某个时刻兴奋，比如皮肤。你一定见过孩子们抓自己的脸，或者抓其他部位的皮肤，因为皮肤本身会兴奋并出现红疹，而且某些部位的皮肤会比其他部位的皮肤更加敏感，尤其在某些特定的时间。你可以留意孩子的整个身体，思考身体的各个部位是如何出现各种兴奋的。当然，性相关的体验也不可忽视。这些对于婴儿来说十分重要，而且构成了婴儿期清醒时生活的高光时刻。兴奋的念头伴随着身体的兴奋而出现。我想你不会对我的这个观点感到吃惊：如果宝宝发展得好的话，这些念头就不仅与愉悦有关，而且与爱有关。渐渐地，婴儿发展成了一个能够爱他人且能够感受到被爱的人。在宝宝与妈妈、爸爸以及周遭的其他人中间，存在着有力的爱的连接，而兴奋就与这种爱有关。爱以某种身体兴奋的方式周期性地被宝宝强烈感知到。

伴随着这种爱的原始冲动的念头大多有破坏性，而且几乎与愤怒的念头相关。但如果这个活动带来本能的满足，那结果对宝宝来说感觉就是好的。

你会很容易看到，在这些时刻，宝宝不可避免地会经历很多挫折，而这会让健康的宝宝愤怒，甚至是暴怒。如果你不时就会看到宝宝暴怒（你已经学会了如何将其与悲伤、恐惧和痛苦区分开来），那你就不会觉得宝宝是生病了。宝宝在暴怒时，心跳比任何时候都要快。事实上，如果你去听的话，宝宝可能一分钟有220次心跳。愤怒意味着宝宝已经发展出了对某事或某人的信念，因而会对他们感到愤怒。

每当宝宝充分体验某种情感的时候，他都在冒险，这些兴奋和愤怒的体验必定常常是痛苦的；因此你会发现，自己那完全健康的宝宝在寻找方法来避免最强烈的感受。避免感受的方法之一是削弱本能，比如婴儿会变得不能出现全面的兴奋。另一种方式是接受某些种类的食物，但拒绝其他种类的食物。或者宝宝想让其他人来喂他，而不是妈妈。如果你认识的孩子够多，你就会发现各种可能的情况。这并不一定意味着孩子生病了，这只是小孩子在寻找各种技巧来管理那些难以忍受的感受，因为这些感受太过强烈，或者他们因为充分体验这些感受而经历了痛苦的挣扎。

喂哺困难在正常孩子身上十分常见，妈妈们常常不得不忍受几个月甚至几年的失望。在这期间，妈妈给孩子精心准备的食物都被浪费了。或许孩子只吃某几样特定的食物，任何特别精心准备的食物都会被拒绝。有时妈妈不得不忍受宝宝在很长一段时间里拒绝所有食物，因为如果妈妈在这个情形下逼迫孩子进食，那她只会加强孩子的抗拒。但如果妈妈等待，不把它当成一回事儿，孩子最终会在某个时刻重新开始进食。我们可以想象，在这样的一个时期，一个经验并不丰富的妈妈该有多么担心，她当然会需要医生或护士让自己安心，告诉她，她没有忽视或者伤害自己的孩子。

婴儿会周期性地有各种快感（不仅仅是喂哺的快感），这些快感是天然的，而且对宝宝来说很重要。排泄过程对他们来说尤其兴奋。随着宝宝长大，在恰当的时候有了性相关的体验，则更是如此。当然，你很容易看到男孩的勃起，却很难知道女孩关于性的感受。

顺便说一下，你会注意到，对于什么是好的、什么是坏的，宝宝并不是一开始就与你想法相同。宝宝带着兴奋和愉悦去排泄掉的粪便，很可能是他感觉好的东西，甚至好到可以吃，好到可以涂抹在自己的婴儿床上和墙上。这可能很麻烦，却是自然的事情，你也不用太介意。你可以安心等待，孩子会自然而然地发展出更为文明的看法。最终，宝宝会自己知道什么是"坏"。甚至原本还在吃肥皂、喝洗澡水的宝宝突然开始克制起来，不再吃任何看起来恶心、倒胃口的东西,而(几天前)他还拿起这些东西塞进自己嘴里。

有时我们会看到大一点儿的孩子退行到婴儿的状态,那我们就知道有某种困难阻碍了发展的进程,孩子需要回到婴儿时期,重建婴儿的正当秩序和自然发展的法则。

妈妈目睹着这些事情的发生。作为妈妈,她们也确实在其中扮演着自己的角色;但她们宁愿见证一个稳定、自然的发展过程,而不愿把自己的是非观强加到其中。

试图强行给婴儿灌输是非观的一个麻烦之处在于,婴儿的本能会出现并破坏这一切。那些兴奋体验的时刻会瓦解宝宝通过顺从来获得爱的努力。结果,宝宝会对本能的运作感到失望而非坚定。

正常的孩子不会拼命压制强烈的本能,因此容易受到这些本能的困扰,而在不知情的旁观者看来,这些困扰就是不良症状。我提到过愤怒,而爱发脾气和时常激烈地反抗在孩子两三岁的时候都很平常。小孩子常常会做噩梦,半夜发出尖叫声,连邻居们都不免怀疑你到底干了些什么。

小孩子不是只在生病时才害怕狗、医生和黑暗,或者对声音、暗影和暮光之下朦胧的形状有各种想象;他们也不是只在生病时才会容易胀气、恶心,或者在兴奋时脸色发青;他们也不是只在生病时才有一两周的时间不想跟敬爱的父亲产生任何关系,或者不愿意跟姨妈说"拜拜";他们也不是只在生病时才想把小妹妹放进垃圾桶里,或者嫉妒、痛恨新出生的小宝宝。

你很了解孩子是如何把自己弄脏、弄湿的,也很了解在 2 岁至 5 岁的孩子身上,几乎任何事情都有可能发生。这一切都可以归因于本能、本能所带来的美妙感受以及这一切所带来的宝宝幻想中的冲突(因为所有的身体事件会与宝宝的想法有关)。我还要补充一点,在这个关键的年龄阶段,本能不再是婴儿性质的了,如果在描述本能时我们只限于诸如"贪婪"和"糟乱"这类描述婴儿的用语,那我们就不能充分地表达事情的原貌。当一个3岁的孩子说"我爱你"时，其中所表达的意思就像是成年男女之间的爱和相爱。这句话事实上可能是有通俗意义上的性意味的，包含身体上的性器官和恋爱中的青少年或成人会有的性想法。各种巨大的力量在运作着，而你所要做的就是管理好家庭，然后接受任何事情的发生。孩子五六岁时，情况就会平静很多，而且这种平静会持续到青少年期，因此你会有几年轻松的时间。在这期间，你可以把一部分责任和任务交给学校和受过专业训练的老师。

16
幼儿和其他成人

婴儿的情感发展从生命之初就开始了。如果我们想要评判一个人与自己的同类生物打交道的方式，看看他如何构建自己的人格和生活，那我们就不能遗漏他生命最初几年，甚至是最初几个月、几周、几天所发生的事情。当我们处理成年人的问题时，比如与婚姻相关的问题，我们当然会面临很多属于晚期发展的内容。但在研究任何一个个体的过程中，我们都会看到他的现在还有过去，成人的他还有婴儿的他。那些可以被轻易地认为与性相关的感受和想法在生命早期阶段就出现了，远早于我们祖父母心里容许的年纪。从某种意义上来说，所有人类关系的形态从一开始就有了。

我们来看看当小孩子玩过家家，扮演爸爸和妈妈的时候会发生些什么。从我们的视角来说，更重要的是孩子们享受这个游戏，这个游戏是建立在他们认同父母的能力的基础上的。显然，他们已经对父母有了很多观察。我们可以看出他们在游戏中构建一个家庭、收拾房屋、共同承担养育孩子的责任，甚至构建出一个让游戏中的孩子可以发现自己的自发性的框架。(因为在父母完全把孩子一个人留下时，孩子会因为自己的冲动而感到害怕。) 我们知道这是健康的。如果孩子们可以这样一起玩耍，那他们就不需要在更大的时候被大人教授如何建立一个家庭。他们已经知道建立家庭所必需的元素。

反过来说，如果有人不知道怎样玩扮演爸爸妈妈的游戏，那我们有可能教会他们如何建立一个家庭吗？我觉得应该不能。

尽管我们很高兴看到孩子玩这个游戏，这个游戏展现出了孩子认同家庭和父母、认同成熟的观念和责任感的能力，但我们并不希望孩子整天玩过家家。事实上，如果他们整天只玩这个游戏，那真的会让人担忧。我们期望下午玩着这些游戏的孩子们，在吃下午茶的时候大快朵颐，在睡觉时间会兴奋折腾，在第二天早上醒来的时候淘气又不听话；因为他们还是孩子。幸运的话，他们有自己真正的家庭。在自己的家庭中，他们还可以继续发现自己的自发性和个体性，像说书人那样，一旦投入自己的本职，就会为过程中迸发的灵感而感到惊喜。在真实的生活中，他们可以运用自己的父母来发现自我，但在游戏中，他们想要自己扮演父母。我们乐于见到这样的过家家游戏，还有所有其他游戏：老师与学生的游戏、医生护士与病患的游戏、公车司机与乘客的游戏，等等。

我们可以看到，所有这些游戏都是健康的。但到了孩子玩游戏的这个阶段，我们也不难了解，他们已经经历了很多复杂的发展过程，而这些过程当然从未真正完成。如果孩子需要一个普通的好家庭来获得认同感，那他们也在早期发展阶段中深切地需要一个稳定的家庭和稳定的情绪环境，来让他们能够按照自己的节奏，稳步、自然地发展。顺便说一句，父母们并不必须了解孩子头脑中发生的事情，正如他们不需要去了解解剖学和生理学知识就能保证孩子的身体健康一样。但是他们一定要有充分的想象力，能够认识到父母的爱并不仅仅是他们的一种本能，更是孩子绝对需要他们提供的东西。

如果妈妈虽是出于好意，却认为婴儿在刚出生时只不过是一团只有条件反射的生理学和解剖学意义上的机体，那孩子的情况就不妙了。毫无疑问，妈妈会很好地喂哺孩子，孩子或许能在生理层面健康成长，但除非妈妈能够看到新生宝宝内在的人，否则就几乎不可能为孩子打下心理健康的良好基础，让孩子能够在以后的人生中拥有稳定而丰盈的人格，让孩子不仅能够适应世界，而且能够成为这个需要人来适应的世界的一部分。

麻烦之处在于，妈妈天然会对自己的巨大责任感到害怕，因而她会急于相信书本，变得教条。对婴儿恰当的照料只能是发自内心；或许我应该这么说，光靠头脑，是没有办法做好养育孩子这件事的，妈妈还必须要让自己的感受自由流动起来。

提供食物只是妈妈让婴儿了解她的方式之一，但这是一个非常重要的方式。我在前文提到过，那些一开始就被很好地喂哺并在其他方面也得到很好的照料的孩子，他们能够真正超越"物体是真的在那里，还是只是人的想象？"这个问题的任何答案。物体是真的还是幻想的，这个问题对他来说相对不那么重要，因为他有一个愿意给他提供幻想的妈妈，而且是在一段相当长的时间里一直稳定地提供，而这使得幻想出的东西和真实存在的东西之间的鸿沟对于这个孩子个人来说被尽可能地弥合了。

这样的孩子会在9个月左右的时候，与自己之外的那个他开始当作妈妈的人建立一个良好的关系，这个关系即使经历了所有的挫折和困难，甚至因分离而丧失之后，也仍然存在。一个被机械地、不敏感地喂养的宝宝，一个没有人主动去适应其需求的宝宝，则会处于非常不利的情形中。如果这个宝宝还能够想象出那么一点专注的妈妈的形象，那这个妈妈一定只是一个他幻想中的理想化形象。

我们很容易找到一个不能生活在婴儿的世界里，却一定生活在自己的世界里的妈妈。仅从表面来看，这样的孩子可能也有不错的发展。不过，这样的孩子可能会在青春期或者更晚的时候，极其叛逆，最后要么精神崩溃，要么只有在与父母的对抗中才能够维持心理健康。

相反，以各种方式主动适应宝宝需求的妈妈，则为宝宝与世界的接触打下了良好的基础。不仅如此，她还为孩子与世界的关系增添了丰富性，而这会随着孩子的逐渐成熟而不断发展，并表现在现实世界中。在孩子与妈妈的这种最初关系中，很重要的一部分是其中包含了强大的本能驱力；婴儿和妈妈的存活让孩子通过经验学习到，本能体验和兴奋的想法是可以被容许的，它们并不一定会毁掉安静的关系、友谊和分享。

我们并不能就此得出结论说，每一个被专注、敏感的妈妈喂养和照料的孩子就一定会发展为心理健康的人。即使孩子的早期经历都很好，孩子从中获得的东西也一定要在后续的发展中不断巩固才可以。我们也不能就此得出结论说，每一个在机构中养大的孩子，每一个被缺乏想象力或不敢相信自己判断的妈妈养大的孩子，就一定会进精神病院或少年管教所。事情远没有这么简单。我是为了更好地阐明利害而在叙述中进行了简化。

我们已经看到了出生在好的环境中的健康宝宝，他的妈妈从一开始就把他当作一个独立的人来对待，这样的宝宝不仅可爱，而且善良、守序。正常的孩子从一开始就有自己对生命的看法。健康的宝宝常常会在喂哺方面遇到巨大的困难；他们在排便问题上也会固执地与妈妈对抗；他们常常激烈地大叫着表示抗议，他们踢打妈妈，撕扯妈妈的头发。事实上他们很麻烦，但他们又会展现出自发、绝对真诚的爱的冲动，这里一个拥抱，那里一点慷慨，而妈妈在这些事情中看到了回报。

不知为何，教科书似乎喜欢善良、守序、爱干净的孩子，但只有当孩子随着时间自然而然发展出了认同父母的能力，进而发展出这些美德时，这些美德才有真正的价值。这很像孩子获得艺术成就的自然发展过程，我在之前的章节中对此做过阐述。

如今，我们经常会提起适应不良的孩子，但适应不良的孩子正是早期需求没能得到很好满足的孩子。如果婴儿很顺从,那其实很可怕。那意味着父母在以一个高昂的代价来换取便利,而这个代价最后要么由父母来一次次承担,或者如果父母不堪重负的话,就会由社会来承担。

我想要提一下母婴早期关系问题中的一个难题,这个难题与任何可能成为妈妈的人都相关。在宝宝出生时和随后的几天里,对妈妈来说医生肯定是很重要的人,他会对发生的事情负责,妈妈信任他。在这种时候,对妈妈来说,没有什么比认识自己的医生以及和医生一起工作的护士更重要的了。但不幸的是,我们不能假定医生对于母婴之间的情感纽带也如同他对生理健康与疾病以及生孩子的所有事情那么了解。医生有那么多的东西要学习,你不能指望他既是生理问题的专家,又同时能够了解母婴心理层面的最新发现和进展。因此,尽管医生和护士可能没有想要造成任何伤害,可是却干涉了最早的母婴接触这个敏感的问题。

妈妈确实需要医生和护士,因为他们技能高超,可以打消妈妈的顾虑和不安。但前提是,妈妈还需要能够找到宝宝,也让宝宝能够找到她。她需要让这自然地发生,而不是遵循书中的任何准则。妈妈会发现自己才是这个问题的专家,而医生和护士只是辅助者,对此也无须感到羞愧。

我们可以观察到,当今有一种普遍的文化倾向,那就是鼓励人们远离直接接触,远离临床,远离过去被视为粗俗的东西,也就是远离赤裸、天然和真实的东西,同时还鼓励人们避免进行任何直接接触和交流。

婴儿的情感生活还通过另一种方式来形成更晚阶段时的情感生活的基础。我在前文中谈到过婴儿的本能驱力是如何从一开始就进入了婴儿与母婴的关系之中。伴随这些强烈本能的是攻击性元素,还有因挫折而升起的痛恨和愤怒。这种攻击性元素与兴奋的爱的冲动相关,让宝宝觉得生命是危险的,因此多数个体都会在某种程度上压抑自己。更深入地探讨这个问题可能会对妈妈们有所帮助。

最原始的早期冲动可能会被觉知为残忍的。如果说婴儿在早期喂哺时产生了破坏性冲动,那婴儿起初是不考虑其后果的。当然,我说的是头脑中的观念,而不是我们可以用肉眼看到的实际生理过程。一开始婴儿完全跟随本能冲动来行事,渐渐地,他才能意识到自己在兴奋的喂哺体验中所攻击的是妈妈很脆弱的一部分,而妈妈又同时是自己在兴奋和快感之外的安静时刻里,如此珍视的一个人。在宝宝的幻想中,兴奋的自己残暴地攻击着妈妈的身体,而我们实际看到的攻击是非常微弱的;喂哺的体验带来满足,攻击也暂时停止了。所有的生理过程都被宝宝的幻想所丰富,而宝宝的幻想随着其年龄的增长而更加确定和复杂。在宝宝的幻想中,妈妈的身体被撕开了,从而让自己能够获得里面好的东西并且将其内化。因此,妈妈能够一直在身边照顾宝宝,在很长一段时间里照顾宝宝,在宝宝的攻击中存活下来,并最终随着时间的流逝,成为宝宝的温柔的情感、内疚的情感和忧患意识的客体;这一切对宝宝来说是多么重要啊!妈妈持续以一个活着的人的身份存在于宝宝的生活之中,这使得宝宝发现了自己与生俱来的内疚感,而这种内疚感是唯一有价值的内疚感,它是宝宝想要修补、重新创造和给予的冲动的主要来源。这几种情感有着自然的发展顺序,按照顺序依次是:无情的爱、侵略性的攻击、内疚感、忧患意识/关怀感/忧虑感、悲伤、修补和重建,以及给予的愿望。这些情感是婴儿期和童年早期的必要体验,但如果没有妈妈或某个承担妈妈职责的人与宝宝一起经历这些阶段,那宝宝就不能真的有这些体验,也不可能把这些元素进行整合。

然而还有另一种方式可以说明妈妈为孩子所做的那些事情。妈妈一直在帮助宝宝区分什么是真实发生的事情,什么是幻想中的事情。这个过程中,妈妈可能不知道自己在做什么,也没有经历太大的困难。她在帮助宝宝辨别现实与幻想。我们也可以说她在保持客观。在攻击性的问题上，这一点尤为重要。妈妈会保护自己，让自己不被宝宝咬得太厉害；她还会阻止 2 岁的孩子用棍子打小宝宝的头，但同时她也可以识别出宝宝的破坏性和攻击性想法的巨大力量和现实性，而宝宝此时行为上表现很好，所以她不会被这些想法吓到。她知道那些想法一定在那里，所以当这些想法逐渐在宝宝的游戏和梦境中出现时，她并不吃惊。她甚至会给宝宝提供故事和故事书，从而延续宝宝脑海中自发出现的那些主题。她不会想要禁止宝宝产生那些破坏性的想法，这样她就给了宝宝内在的内疚感自然发展的空间。我们所希望的，正是宝宝与生俱来的这种内疚感随着宝宝的发展而自然出现，对此我们愿意等待；若是强行给宝宝灌输是非观，则会让人厌烦。

　　成为父母的这段时间无疑是一段自我牺牲的时间。好的妈妈不用别人说就知道，在此期间，任何事情都不能干扰宝宝和自己的关系的延续性。当她自然地这么做时，她不仅在为孩子的心理健康打下基础，她也在费尽心力地为孩子提供这些早期体验；而如果没有这些体验，孩子不可能实现心理健康。妈妈们是否知道这些呢？

**The Child, The Family,
And The Outside World**

第二部分

家庭

17
爸爸的作用

　　出于工作的缘故，我见过很多妈妈，她们都与我讨论过一个共同的问题：爸爸的作用是什么？我想大家都知道，正常情况下，爸爸是否了解孩子，取决于妈妈对此做了些什么。诸多原因决定了爸爸很难参与到婴儿的养育过程中。首先，宝宝醒着的时候爸爸可能根本就不在家里。即使爸爸在家的时候，妈妈也常常不知道什么时候该让丈夫做点事情，什么时候该让他不要碍事。难怪很多妈妈觉得在爸爸回家前把宝宝哄睡是更好、更简单的做法。不过，很多人可能都会因为自己的亲身经验而认同这样的观点：分享育儿的点点滴滴，对夫妻关系很有帮助。这些细枝末节的事情可能在外人看来很傻，但是对父母和孩子来说都至关重要。婴儿逐渐长大，他开始蹒跚学步，他开始牙牙学语，关于他成长的细节越来越丰富，而父母之间的关系也越来越紧密。

　　我知道有些爸爸在最初面对宝宝的时候会不知所措，诚然，他们中的一些人可能永远也不会对宝宝感兴趣。但不管怎样，妈妈都可以让丈夫参与到一些小事中来，也可以安排在爸爸在场的时间给宝宝洗澡，从而让爸爸在一旁观看，如果爸爸愿意，甚至可以参与其中。如我前文所说，这很大程度上取决于妈妈对此是怎么做的。

　　我并不是说，爸爸尽早参与育儿对于每个孩子来说都是好事。

人与人是如此的不同。一些男人会觉得自己当"妈妈"会比妻子当得更好。他们会很烦人，尤其是他们可以轻巧地走过来，当半个小时的耐心"妈妈"，然后又轻巧地走开时，从而忽略了妈妈要每天24小时不间断地做一个好妈妈。也有一些爸爸真的能够比妻子更好地承担妈妈的工作，但他们仍然不是妈妈。因此，我们就一定要找到方法脱离这种困境，而不是简单地让妈妈逐渐退出这个工作。但通常来说，妈妈知道自己擅长这份工作，如果丈夫想要的话，她们可以让丈夫参与其中。

从婴儿出生起，他最先认识的人是妈妈。婴儿迟早能够认出妈妈身上的某些特质，而人们总是会把其中的一些特质，比如柔软或甜美，与妈妈联系起来。但妈妈也有各种严苛的特质，比如她可以非常严厉、严肃、严格；确实，一旦宝宝接受自己不能想喝奶就喝奶之后，他就会非常看重妈妈准时喂奶的行为。但妈妈身上这些严苛的特质并不是她的本质性特征，孩子会在心里渐渐把这些特质归为一组，而这些特质会引发孩子的某些情感，最终孩子会把这些情感投向爸爸。比起妈妈身上的一组死板僵硬的、由规则禁令构成的特质，一个活生生的、强有力的、宝宝可以尊敬和爱戴的爸爸，则要好得多。因此，当爸爸以父亲的身份进入孩子的生活，他会接管婴儿那些本来对妈妈的某些特质产生的情感，而这则让妈妈松了一口气。

我想试试把父亲的价值进行分类。首先，我认为家庭需要有一个爸爸，因为爸爸要在家里帮助妈妈，让妈妈身心愉悦。孩子对父母之间的关系真的非常敏感，如果母婴关系之外的家庭生活一切顺利，孩子第一个就能感受到，他会通过一些方式把这个感受表现出来：整体更轻松、更满足以及更容易照顾。我想这就是婴儿或儿童对自己世界中"社会保障"的定义吧。

孩子会围绕父母的两性结合这一铁的事实构建自己的幻想世

界，他可以依靠这个事实，也可以对抗这个事实；不仅如此，这个事实在一定程度上构成了解决三人关系问题的天然基础。

其次，家庭需要一个爸爸，原因在于爸爸要给妈妈精神支持，在妈妈培养孩子的规矩和秩序时，支持妈妈，做那个代表规矩与秩序的人。他并不需要为此一直在那里，但他要常常出现，让孩子觉得他是真实存在的。确实，每一个女人说话做事都要树立一定的权威；但如果她必须要自己承担全部的角色，既要爱孩子，又要严厉强硬地管束孩子，那她的负担真的太重了。而且，有两个家长对孩子来说也要容易得多：一个家长可以一直温和地爱着孩子，而另一个则是严厉而被孩子讨厌的那个，这样的结构本身就较为稳定。有时当你看到一个孩子在踢打妈妈时，你会觉得如果爸爸在一旁支持妈妈的话，孩子可能想踢的就是爸爸了。当然，孩子也很可能根本就不会踢人了。孩子会时不时地恨一个人，如果此时爸爸不在身旁教他怎么发泄，他就会恨妈妈，而这会让孩子很困惑，因为妈妈同时又是他最爱的人。

我认为，爸爸被孩子需要的第三个原因是他身上的积极品质、那些把他与其他男人区分开的东西以及他鲜活的个性。孩子在生命早期对事物形成的印象会很鲜明，如果可能的话，这段时间就是让孩子认识爸爸的时候。当然，我并不是说爸爸要把自己和自己的人格强加给孩子。有些孩子在几个月大的时候会四处寻找爸爸的身影，听脚步声来判断是不是爸爸来了，在爸爸进屋时伸手让爸爸抱；但有些孩子几个月大时则不愿跟爸爸接触，或者慢慢地才允许爸爸成为自己生命中一个重要的人。有些孩子可能想要知道爸爸是怎样的人，但还有些孩子只把爸爸这个人物当成做梦的素材，根本不想像其他人那样去了解爸爸这个人。但如果爸爸在孩子身边，想了解孩子，那这个孩子就是幸运的。最好的情况是，爸爸会极大地丰富孩子的世界。如果妈妈和爸爸都很愿意接受孩子的存在给自己带来的责任，那就给一个美好的家庭奠定了基础。

爸爸可以有那么多的方式来丰富孩子的生活，我很难一一去描述。孩子理想世界的形成，至少在一定程度上，依赖于他们所看到的或者他们以为自己所看到的世界。当爸爸逐步向孩子展露出他早出晚归所做的工作的本质时，一个新的世界在孩子面前展开了。

孩子们会一起玩一个叫"妈妈和爸爸"的游戏，游戏中爸爸早上出门去上班，而妈妈则在家做家务和照顾孩子。家务是孩子们很容易了解的东西，因为他们身边每天都有人在做家务；但爸爸的工作，更不用说他业余时间的爱好了，则扩展了孩子对世界的认识。如果爸爸是一个成熟的工匠，那孩子该多开心啊——爸爸在家时会向孩子们展示自己的手艺，向孩子们分享制作精致又有用的东西的过程。如果爸爸有时加入他们的游戏，那爸爸一定可以带来一些可以融入游戏中有价值的新元素。而且，爸爸还能按照自己对世界的了解，给孩子找到适合的玩具和装置，既能帮助孩子更好地游戏，又不影响孩子想象力的自然发展。不幸的是，一些爸爸会在给孩子买了蒸汽机后，自己去玩，或者因为太喜欢这个蒸汽机而不愿意让孩子玩，生怕孩子弄坏它。这样的爸爸做得有点过分了。

爸爸为孩子做的事情之一就是在孩子的早年生活中保持活力。这一简单举动的价值很容易被遗忘。尽管孩子会天然地理想化自己的爸爸，但与爸爸一起生活，去了解爸爸这个人，甚至只是知道爸爸出门了，这些经历对孩子来说也很重要。我认识一个男孩和一个女孩，他们的爸爸参了军，他们觉得自己那段时间的经历很美好。他们跟妈妈一起住在一个有着漂亮花园的房子里，有一切生活必需品，甚至绰绰有余。有时他们会突然吵闹，仿佛在进行有组织的反社会活动，几乎把家都要拆了。现在回顾这段经历时，他们明白当时这种周期性的爆发是他们在无意识地努力，想让爸爸出现。他们的妈妈在丈夫的来信的支持下，帮助他们度过了那段时间。但你可以想象,她是多么期望丈夫在家里,在自己身边,这样她就可以偶尔坐在椅子上,看着丈夫让孩子上床睡觉。

举一个极端的例子:我认识一个小女孩,她的爸爸在她出生前就去世了。这个故事的悲剧之处在于她只有一个理想化的爸爸,而她就只能基于这个理想化的爸爸而形成对男人的看法。她没有过真正的爸爸渐渐让自己失望的经历。她在生活中很容易就把男人想得很理想,这在一开始会带出这些男人最好的一面。但最终不可避免地,她所认识的每一个男人都会表现出不完美的一面。每次她都会陷入绝望,并且一直抱怨。你可以想象,这种模式毁掉了她的生活。如果她的爸爸在她童年时还活着,她能够把这个爸爸理想化,但又发现他有缺点,然后在爸爸让自己失望时发现虽然自己恨爸爸,但爸爸依然活着,那她的人生一定要幸福得多。

众所周知,有时父亲与女儿之间会有某种尤其重要的连接。事实上,每一个小女孩都可能会梦想自己取代妈妈的位置,或者至少不管怎样都会有与爸爸的浪漫幻想。当这种感受发生时,妈妈一定要体谅。有些妈妈觉得比起父亲与儿子之间的友谊,父亲与女儿之间的友谊要让她难以忍受得多。然而,如果妈妈因为嫉妒而去干涉父亲与女儿之间的紧密连接,而不是允许其自然发展,那就太遗憾了;因为小女孩最终会意识到这种浪漫依恋的阻碍,她会长大并看向其他人,给自己的想象寻找切合实际的结果。如果爸爸妈妈与彼此的关系是幸福的,那爸爸与孩子之间的这种强烈依恋就不会被视为是与父母依恋的竞争。对此,兄弟这个角色能够起到很大的作用,他们就像跳板,能帮助女孩把情感从父亲和叔叔身上转移到其他男性身上。

人们也都知道,男孩与父亲之间有时会因为母亲而处于竞争状态。如果父母之间的关系幸福的话,那就无须对此感到焦虑。如果父母都深爱彼此,并对此确信无疑,那这当然不会影响两人的关系。

小男孩的感情往往是最强烈的，因此需要引起重视。

有些孩子在整个童年期间都不曾和父亲单独相处过一天，甚至半天。于我而言这是很可怕的。我认为妈妈有责任不时地让父亲和女儿或者父亲和儿子一起出去，进行一次小小的旅行。这对所有人来说都是一件好事，其中一些经历可能会被孩子珍视一辈子。有时妈妈因为更想自己和爸爸单独出门，所以不太情愿安排女儿和爸爸一起出门；当然，妈妈也会和爸爸单独出门，否则她不仅会在心中积累起怨恨，而且很容易跟自己的丈夫疏远。但如果她能不时安排爸爸和孩子们或者和一个孩子一起出门，那她就极大地增添了自己作为妈妈和妻子的价值。

因此，如果你的丈夫在家，你可能很容易认识到，费尽心思帮助他和孩子了解彼此是值得的。你无法让他们的关系更加丰富，这要看爸爸和孩子，但你可以选择去促成、妨碍或破坏他们之间的关系。

18
别人的标准和你的标准

我想每个人都有自己的理想和标准。每一个建立家庭的人都对自己的家有个设想：家里的配色应该是怎样的，家具应该是怎样的，早饭时餐桌应该怎么摆放，等等。大部分人都想过如果发财了，要买一个什么样的房子；知道自己喜欢住在市区还是郊区；知道自己会为了什么样的电影走进电影院。

所以，你在结婚的时候会觉得"现在我总算可以按照自己想要的方式生活了"。

一个5岁的小女孩还在学习新的词语，所以当她听到有人说"狗按照自己的意愿回家了"时，她就学到了这个表达。第二天，她对我说："今天是我的生日，所以一切都要按照我的意愿来。"当你结婚的时候，用这个小女孩的话来说，你觉得："我终于可以按照自己的意愿生活了。"请注意，你的意愿并不一定比你婆婆的好，但那是你的，而这就让情况完全不一样了。

假设你有了自己的房间或公寓，又或是房子，那你就会直接开始按照自己想要的方式来布置和装饰它。当你挂上了新窗帘后，你会邀请别人来参观你的家。重要的是，你让自己生活的环境能够充分表达自己，可能甚至你自己都为你做的事情感到惊喜。显然，你已经为此练习了一辈子了。

在刚开始的日子里，如果你没有因为琐事跟丈夫争吵，那你很幸运。有趣的是，争吵的开端几乎总是因为你觉得某样东西"好"或是"不好"，但真正的麻烦在于双方意愿的冲突——就像那个小女孩可能会说的那样。这个毛毯如果是你买的、你选的或者你在促销时抢购的，你就会觉得它是好的；如果是你丈夫选的，那他会觉得这个毛毯是好的。但是你们怎么才能都觉得它是自己选的呢？幸运的是，相爱的人总能让彼此的"意愿"有某种程度的重叠，虽然只是一段时间，所以你们在这段时间内是没问题的。应对这个困难的一个方式是，两个人不用言语说明就达成一致，妻子以自己的方式来处理家里的事务，而丈夫则以自己的方式处理工作。大家都知道，英国男人的家是妻子的城堡。男人喜欢看到妻子在家里管事，在家里找到归属感。唉，但男人在工作中常常并没有像妻子在家里那样的独立自主权。男人很少在工作中找到归属感，而对于工匠、小店主等小人物来说，这样的情形就更甚了。

在谈论女人不想做家庭主妇时，我们似乎忽略了一件事：一个女人在任何其他地方都不可能有在家里这样高的掌控权。她只有在自己家里才是自由的，如果她有勇气展示自己、发现全部的自我的话。一个女人结婚时真的应该有一套自己的公寓或房子，这样她就有空间来施展自我，而不用担心招致近亲的反感或母亲的不悦。

我说了这么多，都是为了表明，当宝宝想要一切事情按自己的意愿来发展时，那情况对他来说是多么的艰难。如果宝宝想要一切都按照自己的方式来发展，他就会打乱别人的计划，而没有人会说打乱了也没关系。这些计划代表着年轻妈妈刚刚实现的精神独立，刚刚通过按照自己的意愿行事而赢得的尊重。有些女人倾向不要孩子，因为对她们而言，婚姻的重要价值之一在于让她们可以拥有自己的影响力范围，这是她们经过多年的等待和筹划才获得的东西，而一旦有了孩子，婚姻的这一价值就会大打折扣。

假设一个年轻的妻子刚刚可以管理自己的家庭,她对此感到骄傲,她才刚刚发现能够掌控自己的命运时的自己是怎样的:当她有了孩子之后会发生什么呢?我觉得她在怀孕期间不一定会觉得婴儿威胁到了自己刚刚获得的独立性,因为那时她有很多其他的事情要去考虑,比如要生育一个带给人快乐和力量的宝宝,而且她会想象可以按照自己的规划来抚养孩子,而宝宝也会享受按照她的规划长大。迄今为止,一切都好。她认为孩子会继承一些原生家庭的文化和行为模式,这无疑是正确的。但还有更多的东西,而这些非常重要。

刚出生的宝宝几乎一开始就有自己的想法。如果你有十个孩子,那你会发现没有两个孩子是一样的,尽管他们都生长在同一个家庭——你的家庭。十个孩子会从你身上看到十个不同的妈妈。即使是同一个孩子,他也会有时把你看作是慈爱、漂亮的妈妈,有时把你看作恶龙、女巫或者其他可怕的东西,比如突然有那么一会儿光线不太好时,或者当你因为他在晚上做噩梦而来到他的房间时。

关键在于,每一个来到你家庭里的孩子都带着他自己对世界的看法以及掌控自己的一方小世界的需要,因此,他势必会威胁到你自己的环境、你精心建构和维系的秩序。我知道你有多么珍视按照自己的想法来生活,因此我对你感到抱歉。

让我看看是否能帮到你。我觉得这个情形之中的一些难题主要来源于,你往往觉得自己之所以会喜欢某些东西,是因为这些东西是对的、好的、恰当的、最好的、最聪明的、最安全的、最快的、最经济的等等。毫无疑问,你这样想通常有正当的理由,在涉及对世界的知识和与世界打交道的技能时,一个孩子也很难与你一较高下。但关键就在于,你喜欢、信任这些东西,并不是因为这些东西是最好的,而是因为这些东西是你的。这是你想要拥有掌控权的真正原因,当然,这是合情合理的。房子是你的,这是你结婚的原因——部分原因;况且,你可能只有在能掌控一切时才感到安全。

是的，你完全有权利去要求你房子里的人遵从你的标准，按照你的方式来安排早餐，饭前祷告，吃饭时不说脏话；但你有这样的权利是因为你拥有这所房子以及那些是你的用餐方式，而并不是因为你的方式是最好的方式，当然它也有可能是最好的方式。

你的孩子可能很希望你知道自己想要什么和相信什么，他们会因你的信仰而受益，他们也会或多或少基于你的标准来构建自己的标准。但关键在于，你是否也认为孩子有自己的信念和理想，他们是否会按照自己的意愿去寻求一种秩序？孩子不喜欢长期的混乱和长久的自私。你需要明白，如果你太过专注于在自己的房子里构建自己的权力，那你就会压抑孩子与生俱来的倾向，即想要创造一个围绕他自己的、有独立的道德准则的小世界的倾向，因而必然会给孩子造成伤害。我想如果你对自己足够自信，你会想看看你究竟能给孩子多大的自由，让他们在你的影响范围内，凭自己的冲动、计划和观念来局部地掌控现状。"今天是我的生日，所以一切都要按照我的意愿来"，那个小女孩说道，而这并没有造成混乱；这天的安排与其他任何一天的安排并没有太大的不同，除了这天是小女孩安排的，而不是妈妈、护士或学校老师安排的。

当然，这是妈妈在婴儿生命之初时通常会做的事情。在不能随时响应宝宝的情况下，妈妈按照规律的时间给宝宝喂奶，这种做法仅次于随时响应。妈妈还常常成功地让宝宝有一段短时间的幻想，在这段时间里，宝宝还不必认识到，无论这个幻想多么美好，乳房都不能满足他。宝宝不会因为幻想中的乳房而获得营养。也就是说，好的乳房要满足的条件之一是，它必须是妈妈的乳房，妈妈是外在于宝宝且独立于宝宝的。宝宝仅仅有想要喝奶的想法，这还不够，妈妈也一定要有想要给宝宝喂奶的想法。宝宝很难认识到这一点，而妈妈则能够保护孩子，让他的幻想不会破灭得太早或太突然。

一开始，妈妈也认为宝宝的需求是重要的。如果他需要食物或者因为不舒服而大哭,其他一切都得靠边站,直到宝宝的需求得到满足;妈妈允许宝宝随心所欲地行事,比如他可以不为别的,只为了自己喜欢,就把家里弄得一团糟。当妈妈变得严格起来——有时妈妈会因为被邻居的说法吓到而突然变得严格,宝宝会觉得这个转变很奇怪。妈妈会开始所谓的"训练",而且从不松懈,直到她成功让孩子达到自己的清洁标准。如果孩子完全放弃了宝贵的自发性和冲动,那妈妈会觉得自己做得很好。事实上,太早、太严格的清洁训练往往事与愿违。6个月大时就可以保持清洁的孩子,会在大一点儿的时候变得叛逆,或者故意不保持卫生,而且非常难以重新训练。幸运的是,很多情况下孩子会自己找到出路,希望并没有完全丧失;自发性只是隐藏在一些症状之中,比如尿床。(作为一个不用清洗和晾干床单的旁观者,我曾欣喜地发现,一个非常专制的妈妈的孩子一直尿床,他是在坚守自己的领地,虽然他并不知道自己为什么会这样做。)如果妈妈在保持自己价值观的同时,又能等待孩子的价值观逐步发展出来,那回报会相当丰厚。

如果你让每个孩子发展出自己的掌控权,那你就是在帮助这些孩子。你的掌控权和他的掌控权之间会发生冲突,但这是自然的,而且这远远好于你以自己懂得多为由,把自己的意愿强加在孩子之上。其实你还有一个更好的理由——你更喜欢自己的方式。让你的孩子拥有房间的一角,或者一个茶几,或者一片墙壁,让他可以按照自己的情绪、喜好或突然的奇想来弄乱、清洁或者装饰这个地方。你的每一个孩子都有权拥有房子的一角,他可以把这个地方视为自己的领土。此外,他还有权每天占用你一点时间(还有爸爸的一点时间),在这段时间里,你出现在他的世界里。当然,另一个极端是妈妈完全没有强烈的个人风格,因而让孩子完全按自己的方式行事,这样也没有太大的用处。因为如此一来,没有人会开心,就连孩子也不开心。

19
什么是"正常的孩子"

我们常常谈论问题儿童，我们会尝试描述他们的问题并进行分类；我们也会谈论正常或健康的儿童，但是描述正常儿童要比描述问题儿童难得多。从生理角度来说，我们都很清楚正常是什么意思，是指孩子的发展在同龄人里大致是平均水平，孩子没有身体疾病。我们也知道智力正常是什么意思。但一个身体健康、智力正常甚至超常的孩子，可能仍然不是一个正常、完整的人。

我们可以考虑行为的层面，把一个孩子与同龄的其他孩子进行对比，但在我们因为孩子的行为而给孩子贴上异常的标签时，我们会犹豫不决，因为正常的、人们可接受的标准是如此广泛和多样。孩子饥饿时会大哭，可关键在于这个孩子的年纪多大，一个1岁的孩子因为饥饿而大哭就是正常的。孩子从妈妈的包里拿了一块钱，同样地，我们要看这个孩子多大，2岁的孩子多数都会不时这么做。我们比较两个总是表现出害怕被打的孩子，可一个孩子没有任何害怕被打的现实根据，而另一个孩子在家里确实总是挨打。又或者，一个3岁的孩子还在吃母乳，这在英国是很不寻常的，但在其他一些地方，这是司空见惯的事情。我们并不能通过简单地对比两个孩子，就理解我们所说的正常是指什么。

我们想知道的是，一个孩子人格的建立是否是正常的？他的性格是不是以一种健康的方式在逐步形成？一个孩子头脑聪明，并不能弥补他人格发展的迟滞。如果情感发展在某个点受到阻滞，那孩子就必然会回到特定情景所重现的时刻，表现得依然像个婴儿或幼儿。比如，如果一个人一受挫就变得非常无礼或心脏病发作，我们就会说他表现得像个孩子。一个所谓的正常人会用其他方式来应对挫折。

我会谈谈正常发展的积极层面。首先我们要知道，婴儿的需求和情感是无比强烈的。尽管婴儿才刚刚开始与世界建立关系，我们也必须把婴儿看作有着强烈情感的人类。人们采用各种方式来再现婴儿期和童年早期的情感，这些情感正因非常强烈才如此珍贵。

基于这个假设，我们可以把童年早期看作是逐渐建立信念的过程。对人和事物的信念就在这个时期通过无数好的体验而一点点建立起来。这个"好的"是指足够满足的，这样婴儿的需求或者冲动才能说得到了满足或者确证。这些好的体验会抵消掉坏的体验——"坏的"体验指的是愤怒、痛恨和怀疑等不可避免的情绪。每个人都要在自己的内在（那是本能冲动所在的地方）找到一个位置，在那里运转和构建自我；在他被分配到的特定世界之中，每个人都要发展出个人化的方法，与这些本能冲动共存，而这并不容易。事实上，我主要想指出的是，婴儿和儿童的生活尽管有很多好的地方，但它并不容易，根本没有什么完全顺遂的生活，除非一个人放弃自发性，完全顺从。

人生本就是艰难的，所有婴儿和儿童都不可避免会遇到种种困难。从这个事实出发，我们可以推出，每个人身上都会出现症状，而任何一个症状在特定条件下都可能是某种疾病的表现。正常的发展就是艰难的，哪怕是最善良体贴的家庭生活环境也不能改变这个事实；一个完全适应宝宝需求的家庭会是难以忍受的，因为宝宝不能为自己的愤怒找到正当的理由，就没有办法减轻自己的内疚。

因此我们得出结论，正常这个词有两层含义：一个是对心理学家有用的含义，因为他们需要一个标准，他们一定会把所有不完美的东西都称为异常；另一个是对医生、父母和老师有用的含义，他们会用这个词来描述那些最终很可能会成长为一个合格的社会成员的孩子，尽管这些孩子现在表现出一些明显的症状或行为问题。

我认识一个早产的小男孩。医生会说这是异常的。他前十天都不能从妈妈的乳房喝奶，所以他的妈妈会把乳汁挤到一个奶瓶里。这对一个早产的宝宝来说是正常的，但对一个足月的宝宝来说就是异常的。从他原本应该出生的那天起，他就开始用乳房喝奶，尽管他喝奶的速度很慢。一开始他对妈妈的要求很高，妈妈发现自己只有顺着他、让他决定什么时候开始和什么时候结束，这样才能成功地给他喂奶。在整个婴儿期，他会对每一件新事物大叫；要让他用一个新的杯子、毛巾或者婴儿床，唯一的方法就是把这个东西介绍给他，然后慢慢等他自己主动去使用这个东西。他如此需要按照自己的方式行事，这对心理学家来说就意味着异常，但他有一个愿意顺从他的妈妈，我们仍可以说这个孩子是正常的。对于这个孩子来说，生活艰难的另一个证据是，他会大声尖叫，这种时候没有什么可以安慰到他，妈妈只能把他留在婴儿床里，在一旁等着他恢复。他在尖叫的时候不认识自己的妈妈，所以此时妈妈对他起不到任何作用，直到他恢复到平时的状态，妈妈才又成为那个可以为他所用的妈妈。他的妈妈把他送到一个心理学家那里进行专门检查，但妈妈在等待看诊的时候发现她和孩子开始不用外力帮忙就可以理解彼此。心理学家就不再干涉他们。他可以在孩子和妈妈身上看到异常性，但他倾向于把他们视为正常的母子，让他们获得运用自身天然资源摆脱这个艰难处境的宝贵经验。

于我自己而言，我这样形容一个正常的孩子：一个正常的孩子可以运用天然就有的任何或所有的技巧来对抗焦虑或难以忍受的冲突。他们使用的技巧（在健康的情况下）与可获得的帮助有关。而异常则表现为对症状的有限而僵化的运用，不能很好地利用症状来对抗焦虑或冲突，且很难让人看出症状与需要得到的帮助之间的关联。当然，我们一定要接受这一点，即婴儿最早期的时候很难判断可以获得什么样的帮助，相应地，就需要妈妈及时适应宝宝的情况。

以尿床为例，这是一个常见的症状，几乎所有人都要面对孩子尿床的问题。如果孩子通过尿床来有效地表达对严格管教的抗议，捍卫自己的权利，那这个症状就不是异常；相反，它表明孩子还想要保持自己受到威胁的个体性。在绝大多数情况下，尿床都发挥着某种作用；在得到正常、良好的照料后，孩子最终会摆脱这个症状，而采用其他的方式来捍卫自己的权利。

又或者以拒绝进食为例——这也是一个常见的症状。孩子拒绝进食是很正常的。我想你给孩子的食物肯定是好的。关键在于孩子不可能一直感受到食物是好的，也不可能一直觉得好的食物是理所当然得来的。在妈妈的温和照顾下，孩子最终能够知道自己觉得什么是好的，什么是不好的；换句话说，孩子会像所有人一样，发展出自己的好恶。

我们称之为症状的，正是这些孩子通常采用的技巧，我们也会说正常的孩子在特定的情形下也会表现出各种相应的症状。但在异常的孩子身上，真正的问题并不是这些症状，而是这些症状没有在发挥相应的功能。这些症状不仅对妈妈来说是麻烦的，对孩子自己来说也是麻烦的。

因此，尽管尿床、拒绝进食和其他各种症状可能意味着需要认真治疗，但也并非一定如此。事实上，那些一定正常的孩子也会表现出这些症状，这仅仅是因为生活本身就是艰难的，对任何处于生命初期的人来说都一样。

那么，这些困难究竟来自哪里呢？首先是两种现实之间的根本冲突，一种是所有人所共享的外部世界的现实，另一种是每个孩子自己感受、想法和想象的内在世界的现实。每个孩子从出生起就不断接触外部世界的现实。在早期喂哺体验中，婴儿会把想法与事实对比，会把想要的、期望的、想象的东西与被提供的、取决于另一个人的意志的东西对比。人一生都要面对这种必然存在的困境所带来的痛苦。哪怕是最好的外部现实也会让人失望，因为它不是想象中的现实，尽管从某种程度上说它可能被操控，但它不能被想象所控制。那些爱护孩子的人所面临的主要任务之一，就是通过在任何时刻都尽可能地简化孩子面前最迫切的问题，来帮助孩子实现从幻想到幻想破灭的痛苦过渡。孩子在婴儿期的很多尖叫和发脾气都是围绕着外在现实和内在现实的拉锯，而我们一定要把这种拉锯当成正常的。

幻想破灭的过程涉及一个特殊的部分：孩子发现即时冲动的快乐。如果孩子长大后要融入群体当中，那他就必须要放弃自发性所带来的快乐。但是，孩子不可能放弃一个没有被发现和拥有的东西。妈妈要确保每个孩子都感受到自己拥有了爱的要素，然后才能要求他们接受不能得到全部的爱，这对妈妈来说多么不易啊！我们很容易预见，这样痛苦的学习过程中会出现冲突和抗议。

第二个来源是，孩子开始有一个可怕的发现，伴随兴奋而来的是强烈的破坏性想法。在吃奶时，孩子很容易感受到那种想要毁掉一切好东西的冲动——毁掉食物，还有给他提供食物的人。这个念头很吓人；或者在孩子意识到照顾自己的是一个人后，这个念头慢慢变得很吓人；或者因为孩子开始喜欢这个在喂奶时就会出现，好像是在寻求被毁灭或被用尽的人，所以这个念头变得吓人。随之而来的还有另一种感受：如果一切都被毁灭了，那就什么都没有了；那时会发生什么呢？饥饿会再次出现吗？

那么，我们可以做些什么呢？有时孩子干脆不再渴望食物，从而获得内心的宁静，但同时孩子也失去了一些宝贵的东西，因为如果没有渴望，就不可能有全然满足的体验。因此，这里就有了一个症状——对正常渴望的压抑。在某种程度上，我们一定要接受正常的孩子身上会出现这样的症状。如果妈妈在尝试各种方法来帮孩子摆脱这个症状的时候，知道这些症状背后的原因，那她就不会那么容易感到恐慌，也能够耐心地等待。耐心地等待在照顾孩子的道路上常常是一个不错的方式。人类宝宝会因为负责照顾他的人心平气和，并且始终如一地自然行动，最终实现成长，这着实令人赞叹。

这一切还只涉及婴儿与妈妈的关系。很快，婴儿还会意识到除此之外，爸爸也会参与其中。爸爸的出现自然会带来一些难题，也会带来更为广泛的影响，你在孩子身上看到的很多症状都与此有关。但我们不希望因此而让孩子缺少爸爸的陪伴。孩子出现的各种症状是孩子对爸爸的嫉妒、爱或者各种情感混合的直接结果，这显然好于孩子完全不需要应对外部现实的情况。

类似地，新的孩子的降生也会带来烦恼，这些烦恼同样是值得拥有的，而不是需要摒弃的。

我不可能穷尽所有的原因，但我想说的最后一个原因是，孩子很快会创造出一个自己的内在世界，在这个世界中有输有赢，幻想控制着一切。你可以从孩子的绘画和游戏中看到这个世界的一些东西，如果你看到了，那就一定要认真对待。因为对孩子来说，这个内在世界是有一个位置的，它好像在孩子的身体里，因此你一定要接受孩子的身体参与其中。比如，这个内在世界的压力和紧张会造成孩子各种身体疼痛和不适。孩子在努力控制内在世界时，会有身体的疼痛，或者做出他认为有魔力的手势，或者像被附身的人一样舞动。当你不得不面对自己孩子身上这些"疯狂"的事情的时候，我希望你不要觉得孩子病了。你一定要接受孩子被各种真实的或想象中的人、动物或者事物所附身，有时这些想象中的人或动物会跑出来，那你就要假装自己也看得到他们——除非你想要求小小年纪的孩子做出大人的样子，而这样会给孩子造成很大的困惑。当你不得不去照顾到孩子想象中的玩伴时，不要吃惊，这些玩伴源自孩子的内在世界，对孩子来说是完全真实的，但出于某种原因，这些玩伴对孩子来说暂时存在于内部世界。

我不想再继续解释为什么人生是艰难的，而想以一个善意的忠告结束本章的内容。我希望家长们务必要特别重视孩子的游戏能力。孩子在游戏的过程中可能会出现一两种症状，如果孩子可以享受单人游戏和多人游戏，那他当下就没有什么严重的问题。如果孩子能在游戏中运用丰富的想象，同时也能够从依赖于对外在现实准确认知的游戏中获得愉悦感，那你应该感到非常开心，哪怕这个孩子尿床、口吃、发脾气、不时恶心头痛或抑郁。因为这个孩子的游戏能力表明，在良好稳定的环境下，他能够发展出自身的生活方式，并最终成为一个完整的、被世界接受和欢迎的人。

20
独生子女

　　接下来，我要谈论一下那些虽然出生在普通的家庭里，拥有良好的家庭环境，却没有兄弟姐妹的孩子，也就是独生子女。问题在于一个孩子是不是独生子女，会在哪些方面产生影响呢？

　　当我环顾四周，看到那么多的独生子女时，我意识到这么多人只要一个孩子，那一定有很好的理由。当然，很多情况下父母也想多生几个孩子，但他们因为一些突发事件不得不改变计划。但是，也有很多父母本就计划只要一个孩子。如果有人问一对夫妻为什么他们打算只要一个孩子，答案通常都是经济方面的原因："我们只是因为养不起更多的孩子。"

　　养孩子当然要花很多钱。我认为，让年轻人忽略经济因素盲目地生孩子，是相当不明智的行为。我们都知道，世界上有很多没有责任感的男人和女人，他们没有考虑周全就生下了婚内子女或婚外子女，这自然使得年轻人在组建一个大家庭时会犹豫再三。如果人们愿意谈钱，那就让他们谈，但我认为他们真正的担忧是自己能否在不失去太多个人自由的前提下供养一个大家庭。如果生两个孩子就意味着对父母有双倍的要求，那养孩子的花费也一样，要提前计算好。但也有人会怀疑，养几个孩子是否就真的比养一个孩子的负担大得多。

请原谅我说孩子是负担。但孩子确实是负担，如果他们能带来快乐，那是因为有人想要他们，而且有两个人决定了要承担这样的负担；事实上，这两个人已经一致认同不称他为负担，而称他为宝宝。有一个非常幽默的说法："愿你所有的麻烦都是小麻烦！"如果我们过于感性，人们可能会完全放弃生孩子。妈妈或许享受为孩子洗衣缝补这些琐事，但我们不要忘了，照顾孩子意味着辛勤付出和无私奉献。

独生子女无疑有一些优势。父母将所有的心血倾注在一个孩子身上，这意味着比起有多个孩子，父母可以做出更好的安排，让宝宝在婴儿期生活得更好一些。也就是说，宝宝可以从最简单的母婴关系开始，以自己能够承受的速度慢慢接受这个复杂的世界。这样在简单的环境中成长，可以给孩子一种稳定感，而这种稳定感对孩子的一生都大有裨益。当然，我也应该提一提其他重要的事情，比如食物、衣服和教育，父母可以很轻易地就给独生子女提供这些东西。

现在我们来谈谈一些劣势。独生子女明显的劣势是缺乏玩伴，也缺乏与兄弟姐妹之间的关系及其带来的丰富体验。孩子们的游戏中有很丰富的内容，而成年人则了解不到这些内容；即使他们了解，他们也不能如孩子所愿，尽可能长时间地陪孩子玩耍。事实上，如果成年人与孩子玩游戏，那他能很清楚地看到孩子在游戏中自带的疯狂。因此，如果没有兄弟姐妹，孩子在游戏方面就会受限，因而错失不顾后果、不负责任、冲动行事所带来的愉悦感；所以独生子女趋向早熟，他们会跟大人一起说话、帮妈妈做家务或者使用爸爸的工具，游戏就成了可笑的事情。而一群一起游戏的孩子则能够无限发明创造，丰富游戏的细节，他们也会不知疲倦地玩上很久。

但我认为除此之外还有更重要的事情——对于孩子来说，经历一个新的弟弟或妹妹进入家庭，这样的体验是很珍贵的。事实上，再怎么强调这个体验的价值都不为过。怀孕这件事蕴含很多根本性的东西。如果一个孩子没有经历过妈妈的孕期——没有看到妈妈在孕期的身体变化，发现自己很难舒服地坐在妈妈腿上，又逐渐明白这背后的原因是妈妈怀孕，最终因为看到新宝宝的出现而确定了自己一直隐隐知道的事情，看到妈妈也同时恢复了正常——那这个孩子就错过了很多。尽管很多孩子难以接受这种事，没办法应对它带来的强烈感受和冲击，但我仍然认为，那些错过这种体验的孩子，他们没有看到过妈妈用乳房给婴儿喂奶、给婴儿洗澡、关心一个婴儿，他们的体验没有那些目睹过这些事情的孩子丰富。或许小孩子像大人一样，也想要宝宝，但他们不能，而娃娃玩具只能部分满足他们。但如果他们的妈妈有了孩子，那他们就替代性地拥有了孩子。

独生子女尤其缺乏的，是发现嫉恨开始出现时的体验。当新出生的小宝宝威胁到原本这个孩子与爸爸妈妈稳定、安全的关系时，孩子就会出现嫉恨的情绪。孩子因另一个宝宝的出生而感到沮丧，这非常常见，因而被人们看作是正常的事情。很多孩子对小宝宝的第一句评论通常都不太礼貌："他的脸像个番茄。"事实上，如果听到孩子对一个新生命的出生直接表达出有意识的厌恶、甚至是强烈的憎恨，那父母应该感到安心。随着小宝宝逐渐发展成一个人，一个可以与人一起游戏、可以让人引以为傲的人，孩子的这种憎恨也逐渐被爱所取代。但孩子最初的反应可能是害怕和憎恨，而内心可能有把这个刚出生的宝宝扔进垃圾桶里的冲动。孩子会发现他爱上的这个小弟弟或小妹妹跟自己几周前还憎恨着的、希望被送走的那个小宝宝是同一个人，这对于孩子来说是非常重要的体验。对于所有的孩子来说，合理地表达憎恨都是一个大难题，而独生子女相对缺乏表达自己天性中攻击性的一面，这是一个严重的问题。一起长大的孩子会一起玩各种各样的游戏，因此他们有机会和自己的攻击性和解，他们也有宝贵的机会去自己发现，当伤害到自己所爱的人的时候，他们会很苦恼。

另外，新生命的降临意味着爸爸和妈妈仍然对彼此有性吸引力，也仍然爱着彼此。我个人认为，宝宝可以通过新生命的到来而获得对父母关系的确信，能够感受到爸爸和妈妈是彼此有性吸引力的。维持家庭生活的结构，这对孩子来说一直都是无比重要的。

多孩家庭相对于独生子女家庭来说还有另外一个优势。在一个大家庭中，孩子们有机会在与其他家庭成员的关系中承担各种不同的角色，而这可以让他们为在更大的群体中生活并且最终走向社会做好准备。而独生子女随着年纪的增长，则发现他们很难有泛泛之交，尤其是如果他们没有堂表亲的话。独生子女总是在寻找稳定的关系，而这会吓走那些泛泛之交，而大家庭的孩子则习惯了结识兄弟姐妹们的朋友，因此等到了可以约会的年纪，他们已经对人类关系有了很多实践经验。

父母当然可以为独生子女做很多事情，很多父母也倾向于为独生子女竭尽所能，但这些父母也要遭受磨难。在战争期间，他们尤其要鼓足勇气，才能接受自己的孩子要上阵杀敌这一事实，尽管孩子可能觉得这是唯一的好事。孩子们需要拥有冒险的自由，但作为独生子女，如果他们自己受到伤害，就会极大地伤害到父母，因此他们不能去冒险，这让他们非常受挫。还有一点是，一对夫妻所养育并送入社会的每一个孩子，都会让他们感到无比充实。

此外，还有孩子长大后赡养父母的问题。如果家里有几个孩子，那他们就可以分担赡养父母的责任。而独生子女显然会因为想要照顾父母而不堪重负。或许父母应该对此早做打算。他们有时会忘记，他们养育的孩子很快会长大，不再需要他们的照顾。但孩子或许要照顾父母（很多人想要这么做）二三十年，甚至更久——常常是一个不确定的期限。如果家里有几个孩子，那照顾老去的父母就很容易到最后都是一件愉悦的事。事实上，有一些年轻的夫妻想要生几个孩子，但却不能生，因为他们作为独生子女，要照顾年迈或疾病缠身的父母。而如果他们的父母多生了几个孩子，那就可以有人分担这个责任，赡养父母也就成了一件轻而易举的事情了。

你可能会注意到，我在谈论独生子女的优劣势时，都是基于一个前提，即这个独生子女是出生在普通的好家庭中的健康正常的个体。如果我们考虑到"异常"的话，那显然就有更多要探讨的了。比如说，如果一对父母有一个发育迟缓的孩子，那他们要付出更多的心力。许多孩子都很难养，因此父母自然会担心其他孩子是不是会受到这一个孩子的影响或者受到父母因这个孩子而不得不采用的教养方式的影响。同样，我们也需要重视父母患病（身体上的或心理上的疾病）的孩子。比如说，一些父母常常或多或少有些抑郁，或者忧虑；还有一些父母非常害怕这个世界，因为他们觉得这个世界对自己在其中构建的家庭是有敌意的。独生子女要一个人发现和面对这一切。正如一个朋友对我说的："于我而言，总是有一种诡异的压迫感；或许太多的爱、太多的关注、太多的占有，会让人感觉自己跟父母关在了一起，在这些父母的想象中，他们还是孩子的全世界，尽管早已不是了。对我来说，这是作为独生子女最可怕的地方。我的父母表面上对此非常理解。他们在我还不能完全走路的时候就把我送到了学校，差不多让我整天跟隔壁的孩子待在一起，但我在家的时候还是会感到这种诡异的压迫感，好像家庭纽带永远都要比其他关系更重要。如果家里没有其他同辈的人，这一切就很容易让一个孩子产生一种自大的感觉。"

你可能认为，我的观点是生育多个孩子比只生一个要好。但其实我认为，只生一两个孩子，然后竭尽所能地照顾他们，比起生很多孩子却没有足够的体力和心力去照顾他们要好得多。如果一个家庭只能要一个孩子，那要记得，你们还可以邀请别人的孩子来家里，在孩子还小时就可以这么做了。两个小孩子争吵打架并不意味着不应该让他们再见面。如果找不到别人家的孩子，还可以养狗或者其他宠物，而且还有托儿所和幼儿园。如果你们已经了解了养育独生子女可能会存在的问题，且有意愿去避免这些问题，那你们就能在一定程度上实现。

21
双胞胎

我首先要说的是，生双胞胎是非常自然的现象，用不着难过，也不必太过激动。我知道很多生了双胞胎的妈妈为此开心，很多双胞胎也喜欢有个和自己一模一样的孩子。但几乎所有的妈妈都会说，如果自己可以选择，她们不会选择生双胞胎；而无论对自己当前的人生多么满意的双胞胎，也会说如果自己可以选择，他们会想要分别单独出生。

双胞胎有他们特有的问题要处理。不管作为双胞胎有多大的优势，也肯定有其劣势。我希望我能对妈妈们有所帮助，不是通过告诉你们应该怎么做，而是让你们知道其中主要的困难会有哪些。

双胞胎有两种类型，每种类型的问题不尽相同。每一个婴儿都是从一个小小的细胞发育而来的——起初都是一枚受精卵。卵子一旦受精，就开始成长，并且分裂成两个细胞。这两个细胞又分别分裂成两个细胞，就有了四个细胞，四个再变成八个，这个过程一直持续，直到成百上千万个不同种类的细胞组成了一个新的个体。这些细胞彼此关联，如同最初的那个受精卵一样，是一个整体。有时，在受精卵第一次分裂之后，分裂出的两个细胞各自分裂并各自成长，这就是同卵双生子的开始：两个婴儿来自同一个受精卵。同卵双生子通常性别相同，外表非常相似，至少一开始很相似。

另一种双胞胎则可能性别相同，也可能性别不同，因为他们就像一般的兄弟姐妹一样来自两个卵子，只不过这两个卵子恰巧同时受精。在这种情况下，两个受精卵在子宫里一起生长。这种双胞胎跟其他兄弟姐妹一样，长相不一定很相像。

不管是哪种类型的双胞胎，我们都很容易觉得，这两个孩子有彼此作伴，那感觉一定很好吧——他们永远不会孤单，尤其是两个人长大后。但是，有一个潜在的问题。为了理解这个问题，我们要先回顾一下婴儿是如何发展的。正常情况下，婴儿如果得到了好的照料，一出生就开始形成自己人格和个体化的基础，并且开始发现自己的重要性。我们都喜欢无私、包容等美德，也希望自己孩子的身上有这些美德。但如果研究婴儿的情绪发展过程，我们会发现只有在原初的自私体验的基础上，孩子才能发展出健康稳定的无私的品质。我们或许可以说，如果没有这种原初的自私，孩子无私品质的发展就会被怨恨所阻塞。这种原初的自私，无外乎婴儿体验到好的照料，一个好妈妈在最初时愿意尽可能适应宝宝的需要，任由宝宝的冲动占据主宰地位，愿意等待宝宝包容他人观点的能力随着时间慢慢发展。一开始，妈妈一定要能够给宝宝一种占有感，一种可以掌控妈妈的感觉，一种妈妈就是为自己而创造的感觉。一开始，妈妈不能把自己的个人生活强加在宝宝身上。有了这种深入骨髓的原初的自私体验，这个孩子就能在后来没有太多怨恨地发展出无私的品质。

正常情况下，也就是一次生一个孩子的情况下，每一个小宝宝都有充足的时间来发现妈妈有权有其他的兴趣。而且众所周知，另一个小生命的到来对孩子来说会有些难以接受，有时情况甚至非常严重。对于另一个孩子的陪伴，孩子最初会不能领会其好处，直到小宝宝一两岁的时候，两个孩子还是会打架，而不是一起玩耍，这很常见，妈妈不必为此担心。因为每个宝宝会按照自己的时间节奏来接受一个小弟弟或小妹妹；一个小孩子可以真正地接受妈妈再次怀孕的时刻，是一个非常重要的时刻。

双胞胎的情况就大不相同了，他们一出生就是两个人了，根本没有时间先发展出接受一个新的家庭成员的能力。

对于双胞胎来说，能否在最初就感觉自己占有着妈妈，这是非常重要的。双胞胎的妈妈在其他职责之外还有一个额外的任务，那就是把完整的自己同时给到两个孩子。从某种程度上来说，她必定会失败，而她要满足于自己只能尽力而为，同时希望孩子最终能够意识到双胞胎的优势，从而弥补这个天然的劣势。

一个妈妈不可能同时满足两个婴儿的即时性需求。比如，她不可能同时给两个孩子喂奶、换围兜或者洗澡。她可以极力做到公平，如果她一开始就严肃对待这个问题，那她也会得到回报，但这并不容易。

事实上，她会发现她的目标并不是要以同样的方式对待两个孩子，而是要像每个孩子都是独生子女那样对待他们。也就是说，她要从他们出生起就开始去发现两个孩子的不同之处。在所有人当中，唯有她一定要能够轻松地分辨出两个孩子，哪怕是一开始她要通过一个孩子皮肤上的一点印记或者其他的技巧来做出分辨。通常妈妈会逐渐发现两个孩子脾性不同，如果她能够在跟他们的互动中把他们分别当成一个完整的人格来对待，那两个孩子就会分别发展出自己的人格特点。双胞胎养育过程中的很多困难都来源于，哪怕他们有区别，人们也不会意识到他们是不同的个体，要么是因为这样好玩，要么是因为没人觉得这值得费力。我就知道一个不错的家庭，他们的保姆从没学会如何分辨一对双胞胎姐妹，尽管家里其他孩子都很容易分辨出两姐妹；事实上两姐妹的个性差别很大。这个保姆一直都叫她们"那个双胞胎"。

妈妈自己照顾双胞胎中的一个，把另一个交给护士来照顾，这也并不是个好方法。你可能由于某种原因不得不跟另一个人来共同分担照顾两个孩子的责任，比如你的健康状况不太好；但你这样做无非是把事情延后处理，因为终有一天，你交给别人照顾的那个孩子会很嫉妒你自己照顾的那个孩子，哪怕那个帮手给了孩子更好的妈妈般的照料。

所有双胞胎的妈妈似乎都认为，哪怕双胞胎自己有时也会享受别人认错的乐趣，可这些孩子还是需要自己的妈妈能够不费力地认出自己。在任何情况下，双胞胎之间都不应该产生混淆，为此，在他们的生活中，一定要有一个人能够非常清楚地分清他们。我认识一位生了同卵双生子的妈妈，这对双胞胎在外人看来一模一样，但他们的妈妈却从一开始就能从他们的脾性上清楚地分辨出哪个是哪个。大概在宝宝一周时，这个妈妈在喂哺过程中会披着一件红披肩。可能是因为披肩明亮的色彩，有一个孩子对此有了反应，他就只盯着红披肩，对乳房没有了兴趣；而另一个孩子则没有受到影响，像往常一样吃奶。这件事之后，这位妈妈觉得他们不仅是不同的人，而且他们也不再有相同的体验。这位妈妈是这样应对先喂谁的难题的：她会按时做好喂奶的准备，然后先喂那个看上去更着急的孩子，通常这可以通过哭声来分辨。我并不是说这个方法适用于所有的双胞胎。

养育双胞胎最主要的难题当然是如何进行个性化的照顾和对待，从而让每个孩子都能完全意识到自己的完整性和个体性。哪怕一些双胞胎真的十分相像，妈妈还是需要分别跟他们拥有完整的关系。

我刚刚提到的这位妈妈和我说过，她发现了一个不错的做法：把一个孩子放在前院睡觉，一个孩子放在后院睡觉。当然，你可能没有两个院子，但你也可以做出类似的安排，从而在一个孩子哭的时候，另一个孩子不一定也会开始哭。两个孩子同时哭的时候，不仅是你自己会觉得可怜，而且两个孩子都想要占据主宰地位；婴儿的生命早期本是一个天然的"独裁"阶段，此时就有了竞争者，这会让孩子抓狂。这种事情在双胞胎生命中会有长远的影响。

我刚才提到，有一种双胞胎叫作同卵双胞胎。当然，我们从这个词中就能看出这意味着什么。同卵就意味着他们是同样的，也就是他们加起来是1——这太荒谬了。他们相似，但并不相同；危险之处在于，人们会把他们当成同样的孩子来对待，而如我前文所说，如果人们这样做，双胞胎自己就会对自己的身份认同感到混乱。除了双胞胎身份之外，婴儿本身也会对自己的身份认同感到混乱，他们慢慢才能确定自己是谁。孩子在使用词语后相当长一段时间才会使用代词。他们在说"妈妈""爸爸""更多""狗"这些词之后，要过很久才会开始说"我""你""我们"。一对坐在婴儿车里的双胞胎，很可能觉得对方不是一个单独的人。确实，对一个婴儿来说，更自然的是，把坐在婴儿车另一边的那个人想成是自己（就像照镜子一样），而不是（用婴儿的语言）说："喂，我对面坐着的是我的双胞胎哥哥。"但当其中一个被抱出婴儿车时，另一个就会感到不知所措和受骗。这是一个所有孩子可能会遇到，但双胞胎一定会遇到的难题，只有当我们做好自己的部分，把他们当成两个人时，他们才可能处理好这个难题。之后，如果双胞胎对于自己的身份认同非常自信，他们或许会享受利用彼此的相似之处，到那时，也只有到那时，他们才可以开始享受错认游戏的乐趣。

最后，双胞胎喜欢彼此吗？这是一个双胞胎一定要回答的问题。从我所听到的情况来看，双胞胎是否真的特别喜欢对方，这个问题有待考证。他们通常接受彼此的陪伴、享受一起玩耍、讨厌分开，却无法让人相信他们爱着彼此。然后有一天，当他们发现自己是如此痛恨对方，这时他们才可能开始爱对方。这并不适用于所有的双胞胎，但当两个孩子不得不忍受彼此时，无论他们是否愿意，他们都不知道如果可以选择，自己是否会选择认识彼此。当恨意得以表达，爱就成为可能。因此，不要理所当然地认为你的双胞胎想要一起度过他们的生活。

他们可能会，但也可能不会。在一些偶然的原因而需要分开时，他们甚至可能会感激你，比如得了麻疹的时候。因为独自成为一个完整的人，比与双胞胎手足相伴成为一个完整的人，要容易得多。

22
孩子为什么要玩游戏

孩子为什么要玩游戏？下面是一些原因，虽然是显而易见的原因，但是值得我们深入探讨。

大多数人会说孩子玩游戏是因为他们喜欢，这不可否认。孩子喜欢各种身体和情感游戏的体验。我们可以通过提供材料和想法来提升孩子这两种体验的广度，但是我们宁可过少地提供这类东西，也不要过多提供，因为孩子能轻而易举地找到一些可以玩的东西，并自己发明出游戏，他们也喜欢这么做。

人们常说，孩子在游戏中"释放憎恨和攻击性"，好像攻击性是某种可以被排出的坏物质。这种说法从某种意义上来说是真的，因为压抑的憎恨和体验到的愤怒对孩子来说就像是体内的坏物质。但我们还可以换一种说法：孩子会发现自己能够在一个熟悉的环境中表达怨恨和攻击性，而环境不会回报同样的敌意和暴力，这个发现对孩子来说很重要。孩子会觉得，如果攻击性的感受是通过可接受的形式表达出来的话，一个好的环境要能够包容这种感受。我们必须承认，攻击性存在于孩子的天性中，伪装在孩子的游戏之中，如果那个明明有的东西被隐藏或者被否定，孩子会觉得不诚实。

攻击性可能是愉悦的，但它不可避免地对他人带来真实或想象中的伤害，所以孩子不可避免地要面对这个问题。从某种程度上来说，孩子接受以游戏的方式表达攻击性这个准则，而不是一生气就表达攻击性，是从源头上解决了这个问题。另一种方式是把攻击性用在有终极破坏性目标的活动中。但这些只能慢慢实现。而我们的责任就是确保自己不会忽略，孩子通过游戏表达攻击性（而不是在愤怒的瞬间直接表达攻击性）的行为有其社会贡献。我们可能不喜欢被憎恨或被伤害，但我们绝不能忽略孩子对愤怒、冲动的自我约束背后的意义。

人们很容易看到孩子为了欢乐而游戏，却很难看到孩子通过游戏来控制焦虑或会导致焦虑的想法和冲动。

焦虑常常是影响孩子游戏的一个因素，而且往往是一个重要因素。过度焦虑会导致强迫性游戏，或重复游戏，或过分追求游戏的快感；如果焦虑太强烈，玩游戏就会倒退成只追求感官的满足。

我并不是要在此证明儿童游戏的背后是焦虑。但是，实际的结果很重要。因为如果孩子只是为了愉悦而游戏，我们就可以让他们停止游戏；而如果游戏是为了应对焦虑，我们加以阻止就会给孩子带来实际的焦虑，还可能让孩子养成新的防御焦虑的方式（做白日梦）。

孩子通过游戏获得体验。游戏是孩子生活中一个重要的组成部分。成年人的外部经历和内部体验都可以很丰富，但对孩子来说，他们主要是从游戏和幻想中获得丰富的体验。通过丰富自身体验，孩子也逐渐提高了看到外部真实世界的丰富性的能力。游戏一直是创造力的证明，而创造力意味着活力。

成年人对此的助益在于，意识到游戏的巨大作用，教孩子一些传统的游戏，但同时不要阻碍或破坏孩子自己的创造性。

孩子一开始是独自游戏，或者与妈妈一起游戏，他们并不急切需要其他孩子来做自己的玩伴。在游戏中，其他的孩子通过扮演游戏中构想好的角色而融入其中。在很大程度上，正是通过游戏，孩子才开始接受其他人是独立的存在。正如一些成年人会很轻易地在工作中交友或树敌，而其他成年人在家里坐了几年，只是在空想为什么没有人想和自己做朋友。孩子也是一样，他们在游戏的过程中交友和树敌，而他们在玩游戏之外不会轻易交到朋友。游戏给情感关系的开始提供了场合，从而使社会交往能力得以发展。

游戏、艺术活动和宗教实践，虽然方式不同，却都导向了人格的统一和基本整合。比如，游戏可以很容易地将一个人的个人内在现实同外在共享现实联系起来。

另一种看待这个极其复杂的问题的方式是，孩子是通过游戏把头脑观念和身体机能联系在一起的。从这一点出发去检视利用感官获得快感的行为，以及与之相关的有意识或无意识的幻想，并将这些与真正的游戏对比（在游戏中，有意识或无意识的观念占主导地位，而相关的身体活动则暂停，或者被控制只用于游戏内容），将会有所受益。

一个孩子的强迫性白日梦行为明显不伴随着局部或整体的身体兴奋——人们在遇到这种情形时，才能非常清楚地意识到一种健康的倾向，即游戏将生命的两个维度——身体机能和观念活动——联系起来。在孩子努力保持完整性的过程中，游戏是感官体验的替代物。众所周知，当焦虑相对强烈时，感官感受会不受控制，而孩子也就不可能玩游戏了。

同样，如果看到一个孩子的内在现实与外在现实脱节，换句话说，这个孩子的人格在这个维度是严重分裂的，那我们就能清楚地认识到正常的游戏（如对梦境的记忆和描述）能引导人格趋向整合。人格严重分裂的孩子是不能以一种能够被普遍意识到的方式游戏。现在（1968年）我要增补四点意见：

（1）游戏本质上是创造性的。

（2）游戏总是令人兴奋的，因为它涉及主观的东西和可能被觉知为客观的东西之间的不稳定的边界。

（3）游戏发生在婴儿和母亲形象之间的潜在空间中。当与妈妈融为一体的宝宝感受到要和妈妈分离时，我们一定要考虑到其中会发生的变化，潜在空间就与这个变化有关。

（4）游戏在这个潜在空间发生的前提是，宝宝在没有真正与妈妈分离时有了分离的体验。这种情况之所以可能发生，是因为宝宝虽不再与妈妈融为一体，但是妈妈能适应宝宝的需求。换句话说，游戏的启动与信任母亲形象的宝宝的生活经验相关。

游戏可以是一种"对自己诚实"的表现，正如成年人着装一样。这一点可以在很小的时候就发生反转，因为游戏像演讲一样，可以用来隐藏我们的想法，不过是深层的想法。压抑的潜意识一定要被隐藏起来，但潜意识的其他部分是我们每个人都想要了解的，而游戏同梦境一样，可以起到自我揭示的作用。

在对小孩子进行精神分析时，可以利用他们想要通过游戏来沟通的愿望，来取代成人的谈话治疗。一个3岁的孩子通常非常相信我们的理解能力，因此精神分析学家会难以满足他们的期待。伴随着孩子在这方面的幻想破灭，巨大的痛苦会随之而来。孩子因我们无法理解他们通过游戏传达的信息而感到痛苦，没有什么比这更能刺激分析家们去深入探寻了。

所有的孩子（甚至一些成人）都在不同程度上保有重新相信自己可以被理解的能力，在他们的游戏中，我们总可以找到通往潜意识的入口，也能看到儿时的诚实；可奇怪的是，这种诚实在婴儿时期全面绽放，却随着成长，一点点收拢为一个花蕾。

23

偷窃与撒谎

养育出几个健康孩子的妈妈会知道,每个孩子都会不时地出现严重的问题,尤其是在他们 2 岁至 4 岁的时候。有一个孩子有一段时间会在晚上大声喊叫,叫声凄厉,以至于邻居以为他被虐待了。另一个孩子则是完全不接受清洁训练。还有一个孩子非常听话、爱干净,妈妈甚至担心他会不会完全没有自发性和主动性。但有一个孩子又与之相反,很容易大发雷霆,发脾气时会用头撞墙或屏住呼吸——妈妈对此完全无计可施,孩子自己脸色发青,差点痉挛。这些问题在家庭生活中会自然出现,我们还可以列出很长的清单。其中一个会发生的问题就是偷窃,偷窃有时会带来特别的麻烦。

小孩子经常从妈妈的手提包里拿零钱,这通常是没有问题的。孩子会把妈妈的手提包翻得乱七八糟,妈妈对此的容忍度很高。当她发现的时候,她其实觉得很好笑。她甚至会有两个包,其中一个包放在孩子永远也接触不到的地方,另一个包里的东西则更加日常,孩子一直可以拿到包并在里面翻找。孩子渐渐就不再对此感兴趣了,也没有人把这当一回事。妈妈很正当地觉得这是健康的,这是孩子与妈妈早期关系的一部分,其他人也会这么觉得。

然而,我们可以很容易明白,为什么有时当一个妈妈看到她的孩子拿走她的东西并藏起来时,她十分担忧。她已经经历过另外一种极端——偷东西的哥哥或姐姐。没有什么比家里有个偷东西的年长子女（或者是成年子女）更会扰乱家庭幸福的了。家庭成员之间没有了基本的信任，父母不能随意地把东西放在什么地方，而是一定要有专门存放重要物品（比如钱、巧克力、糖）的技巧。在这种情况下，家里就好像有一个生病的人。很多人一想到这一点就会觉得恶心。除了遇到小偷之外，人们可能会发现自己一想到偷窃就非常不安，因为他们曾在童年时与自己的偷窃欲望做过斗争。正是因为对真正的偷窃行为的这种不适的感受，妈妈有时会对小孩子拿走妈妈的东西这种正常行为感到过度担忧。

稍加思索，我们就会意识到，在一个正常的家庭中，没有任何家庭成员因有心理问题而成为小偷，但其实有很多偷窃行为在发生；只不过这些行为不会被称为偷，比如一个孩子去食品储藏室拿了一两块面包，或者从食物柜里拿了一块方糖。在一个好的家庭中，没有人会把这样做的孩子称为小偷。（但如果这个孩子是在一个机构中，那他就可能会被惩罚并被贴上小偷的标签，因为机构有机构的规矩。）为了维持家庭的秩序，父母可能必须要制定一些规则，比如孩子可以自己去拿面包或者某种蛋糕，但不能拿特定种类的蛋糕，也不能吃食物柜里的方糖。在这些事情上总是有一定的商量空间，从某种程度上来说，家庭生活就包含了父母与孩子在种种方面磨合的过程。

然而，假如有一个孩子经常偷苹果，偷完很快就送给别人而不是自己享用，那他就是在某种强迫状态下偷窃。他生病了。他可以被叫作小偷。他不知道自己为什么会这么做。如果这样的行为由于某种原因被压抑，那他就会成为一个爱撒谎的人。问题在于，他为什么这么做呢？（当然小偷也可能是女孩，但每次都用两个代词实在太不方便。）小偷在寻找的并不是他拿走的物品。他在寻找一个人。他在寻找自己的妈妈，只是他自己不知道。对于这个小偷来说，带给他满足的不是商店里的钢笔，或者邻居家围栏里的自行车，或者果园里的苹果。生了这种病的孩子，他们没有能力享受拥有偷来的东西的乐趣。他只是在将源于爱的原始冲动的幻想见诸行动，而他所能做到最好的情况就是享受这个见诸行动的过程，以及过程中所使用的技术。事实是，他在某种意义上与妈妈失去了联系。妈妈可能仍然在，或是已经不在了；甚至可能妈妈还在，而且是一个非常好的妈妈，能够给他无限的爱，但从孩子的角度来看，缺了点什么。他可能喜欢自己的妈妈，甚至爱着妈妈，但因为某种原因，对他来说，在更原初的意义上，妈妈丢了。这个偷窃的孩子其实是一个寻找妈妈的婴儿，或者说他在寻找他有权从其身上偷东西的那个人；事实上，他是在找那个可以从其身上拿东西的人，正如他在婴儿时期或者一两岁的时候，可以从妈妈那里拿东西一样，只因为她是他的妈妈，只因为他对她是有权利的。

还有更深层的一点，他的妈妈真的是属于他的。因为他自己的爱的能力，他渐渐产生了妈妈的观念。假设我们认识的某某太太，她一共生了六个孩子，在某个时间点，她生下了一个叫约翰尼的宝宝，她喂养、照料这个宝宝，最终她又生了另一个宝宝。但从约翰尼的视角来看，在他出生的时候，这个女人是被他创造出来的某种东西；妈妈对孩子需求的主动适应，表明了创造这个东西是合理的，因为它真的在那里。在他能够理解客观性之前，妈妈给他的一切对他来说势必要被构想出来，势必是主观的。当对偷窃行为追根溯源，我们最终总会发现，小偷其实是需要在重新找回那个因为爱他而理解他、主动适应他的需求的人的基础上，重建与世界的关系。事实上，这个人还愿意让他能够幻想，认为世界包含他所构想出来的东西，并愿意使他能够把自己构想出来的东西放在一个外在"共享"现实中真实存在的、爱他的人身上。

这一点的实际用处是什么呢？关键在于，我们每个人内在的健康婴儿都要经历一个痛苦的过程,才能逐渐客观地认识那个最初被他创造出来的妈妈。这个痛苦的过程就是幻想破灭。父母没必要主动去让一个小孩子幻想破灭;反而,可以说,一个好的妈妈会延迟幻想破灭的过程,直到她觉得宝宝可以接受和欢迎这个过程。

一个从妈妈的包里偷零钱的 2 岁孩子,其实是在扮演一个饥饿的婴儿,婴儿以为自己创造了妈妈,自己对妈妈和妈妈的物品有支配权。对他来说,幻想破灭只会来得更早。比如,一个新生命的出生就是这个特定维度的一个巨大的打击,哪怕孩子为新生命的到来做好了准备,哪怕孩子对这个新生命有着积极的情感。新生命的到来可能会让孩子突然开始经历对自己创造了妈妈的幻想的破灭过程,这很容易带来阶段性的强迫性偷窃。孩子不再假装对妈妈拥有全面支配权,而是开始强迫性地拿走一些物品,尤其是甜食,然后把它们藏起来,却并不能因为拥有它们而获得满足。如果父母理解这种阶段性强迫性偷窃行为背后意味着什么,那他们就能够理智应对。他们一方面会包容这种行为,另一方面会确保这个正常发展节奏被打乱的孩子至少能够在每天的特定时间得到一定量的特殊关注;也可能要开始每周给孩子一些零花钱了。最重要的是,如果父母了解这个情况,就不会严厉惩罚孩子或者要求孩子悔过。他们会知道,如果自己这么做了,那孩子就不仅会偷窃,而且开始撒谎,而这绝对是他们的错。

这些是正常健康家庭常见的问题,大多数家庭都能成功地度过这个阶段,这个暂时有强迫性偷窃行为的孩子也会恢复正常。

然而,父母是充分理解孩子行为背后的原因,从而避免做出不明智的反应,还是觉得一定要尽早"治好"孩子的偷窃行为,从而避免孩子今后成为一个惯偷,这会造成巨大的差异。如果父母对这类事情处理不当,哪怕最终情况好转,孩子也会经历巨大的、不必要的痛苦。必要的痛苦就已经够多了，不仅仅是偷窃这一问题。在各种情况下，因各种原因而不得不遭受巨大或突然的幻想破灭时，孩子就会强迫性地做某件事，比如制造脏乱、拒绝在恰当的时候排便、把花园里的植物剪得乱七八糟等，而他们自己不知道为什么会这样做。

如果父母一定要对这些行为追根究底，并要求孩子解释他们为什么会这么做，那对本就面临巨大困扰的孩子来说，无疑是雪上加霜。孩子给不出真正的原因，因为他们也不知道真正的原因是什么。父母追根究底的结果很可能是，孩子不再因为被误解和责备而感到难以忍受的内疚，而是产生了人格的分裂；孩子的人格分裂成了两个部分，一个无比严苛，另一个则有着无法控制的罪恶冲动。此时孩子不再感到内疚，而是变成了人们口中的骗子。

然而，一个人因为自行车被偷而感到气愤，不会因为知道对方在无意识地寻找妈妈就会减轻。这完全是另一码事了。我们当然不能忽略受害者的复仇情绪，任何同情犯罪儿童的尝试都会事与愿违，因为这会引起对罪犯的普遍敌对情绪。法官不能只认为小偷是有害的，也不能忽略其违法行为的反社会本质以及给受到影响的当地社会中的人民所带来的愤怒。如果我们请求法庭认可小偷有心理问题的事实，并请他们规定孩子接受心理治疗而不是给予惩罚，这对社会确实是一个非常严峻的考验。

当然，很多偷窃行为从来没有进入法庭，因为这些行为在家庭中就通过善于引导的父母得到了很好的解决。当一个妈妈看到小孩子从她那里偷东西时，她不会感到紧张，这是因为她从没想过把这种行为叫作偷，她很轻易地就能意识到孩子的这种行为是在表达爱。照顾一个四五岁的孩子或者一个正在经历阶段性强迫性偷窃的孩子，当然会对父母的容忍度有一定的挑战。我们要给父母我们所能提供的一切信息，从而帮助他们理解这些过程，让他们可以帮助孩子适应社会。正是抱着这样的目的,我在本章试着写出了我的观点。我刻意在写作时将问题进行了简化,从而以一种好父母或者好老师可以理解的形式呈现出来。

24
独立初体验

心理学理论容易流于浅显易懂，或者深奥难懂。但是，对于婴儿最初的活动以及他们在入睡时或忧虑时所使用的物品的研究有一个很奇怪的地方，那就是这些东西似乎往往介于浅显和深奥之间，介于对显著事实的简单观察和对无意识深晦领域的深入探索之间。因此，我想让人们注意到婴儿是如何使用普通常见的物品的，从而让大家认识到，从日常可以观察到且一直在上演的东西中可以学到很多。

我说的是一些简单的东西，比如普通孩子的泰迪熊。照顾过宝宝的人都能讲出一些有趣的细节，这些细节就跟其他行为模式一样具有独特性，你不会在两个孩子身上看到一模一样的情形。

大家都知道，婴儿最初会把拳头塞到嘴巴里，很快他们会发展成一个模式，可能会选择某个特定的手指、两个手指或者是拇指来吮吸，而另一只手则抚摸着妈妈或者床单、毛毯、羊毛衣或者自己的头发。此刻有两个事情在同时发生：第一个，婴儿把手指放在嘴里吮吸，这很明显与喂哺的兴奋有关；第二个则比兴奋的发展水平高一些，更接近情感。婴儿可能通过这样情感性的抚摸而发展出与恰巧放在自己身边的某种物品的关系，而这个物品可能会成为对婴儿很重要的东西。从某种意义上来说，这是婴儿的第一个所有物，也就是世界上第一个属于婴儿，又不像拇指、两只手指或者嘴巴那样是婴儿的一部分的东西。因此，这是多么重要啊，它证明了婴儿与世界的关系开始了。

这个部分随着婴儿安全感的建立、随着婴儿与另一个人的关系的开始而发展。这个部分的出现意味着婴儿的情感发展正在顺利展开，婴儿开始建立对关系的记忆。而这些又可以利用在婴儿与这个物体所建立的新的关系中，我自己喜欢把这个物体叫作"过渡性客体"。当然，不是这个物体本身在过渡，而是说它代表着婴儿的过渡，从与妈妈的完全融合的状态过渡到在与妈妈的关系中把妈妈当作外在、独立的客体。

我本想强调这些现象的存在是健康的表现，但我不想让大家觉得如果婴儿没有发展出我所描述的这种兴趣，那就一定是哪里出了问题。一些婴儿会持续拥有和需要妈妈本身，而不需要过渡性客体；而另一些孩子则觉得这个过渡性客体足够好，甚至是完美的，前提是妈妈一直存在于背景环境中。很多婴儿会渐渐特别依恋某个特定的物体，这个物体很快会有一个名字。探究这个名字的起源是件有意思的事，这个名字常常来源于婴儿在会说话前早就听到过的词。当然，很快父母和亲人就会送给孩子一些柔软的玩具，这些玩具（可能是出于成人的喜好）往往是动物或宝宝的形状。对婴儿来说，它们的形状没那么重要，重要的是它们的触感和气味，气味尤其重要——父母们都知道，如果洗了婴儿最喜欢的玩具，那他们肯定免不了要遭殃。平时很爱干净的父母要为了不打破宁静而常常不得不带着一个又脏又臭的东西。婴儿现在长大了一点，他需要这个东西一直在身边；需要在自己一次又一次把它从婴儿床或婴儿车扔出去时，有人把它拿回来；需要能撕扯它，能在它身上流口水。事实上，没有什么是不可能发生在这个东西身上的，这个物品要经受孩子非常原始的爱——混合着温情的抚摸和破坏性的攻击。最终，孩子也会依恋别的玩具，这些玩具做得更像动物和宝宝。而且，随着时间的推移，父母会试着让宝宝说"谢谢"，这意味着宝宝能够认识到这个洋娃娃或者泰迪熊是来自外部世界，而不是自己的想象。

如果我们回到第一个物品，它可能是一块方巾、一个特别的羊毛围巾或者是妈妈的手帕。我想我们必须承认，从婴儿的角度来看，我们让婴儿说"谢谢"，让他认可这个物体是来自外部世界的，这是不恰当的。从婴儿的视角来说，他觉得这个物品就是他自己通过想象创造出来的。这是婴儿创造世界的开始，而我们似乎只能认同，每一个婴儿都势必要重新创造世界。世界本来的面貌对这个刚刚开始发展的人类来说没有意义，除非这个世界在被发现之外，还可以被创造。

我们不可能很好地涵盖婴儿各种各样的早期所有物以及他们在痛苦时所采用的应对技巧，尤其是在入睡时。

有一个女婴会在吮吸大拇指的时候抚摸妈妈的长发。在她自己的头发够长之后，她就把自己的头发拨弄到脸上，嗅着自己的头发入睡。她一直这么做，直到她年龄更大时，想要剪掉头发，让自己像个男孩子一样。她对剪短的头发很满意，当然，到了要睡觉的时候，她抓狂了。幸好，父母保存了剪下的头发，给了她一撮。她立刻像往常一样，把这撮头发放在脸上，闻着头发幸福地睡去。

有一个小男孩很早就开始喜欢一条彩色的羊毛被。不到一岁时，他开始喜欢按颜色整理自己从这条被上拔下来的线头。他一直保持着对羊毛触感和色彩的兴趣。长大后，他成了一家纺织厂的色彩专家。

通过以上的例子，我只是想说明这种现象的广泛性，以及宝宝在健康状况下、痛苦或分离时所采用的应对技巧的丰富性。几乎所有爱自己孩子的人都能举出这样的例子，研究每一个例子都会很有意思，前提是这个人能首先意识到所有的细节都很重要。有时，我们发现的不是过渡性客体而是过渡性技巧，比如哼歌，或者更隐秘的活动，比如找出相同的光线，或者观察边界的交错——像是微风中两个窗帘轻微摆动那样，或者观察自己移动头部时两个物体相对位置变化而带来的重叠。有时这种技巧会是思考而不是外在的活动。

为了强调这些情况的正常性，我想要谈谈分离是如何影响它们的。简单来说，当妈妈或者宝宝依赖的其他人不在时，宝宝不会立刻就发生变化，因为他内部有一个妈妈，这个妈妈会在一定时间内存在着。当妈妈离开的时间超出了这个时间限度时，内部的妈妈会逐渐消失；与此同时，所有的过渡性现象也都没有了意义，婴儿没有办法使用过渡性客体或过渡性技巧。我们现在所看到的，是一个一定要有人照顾或喂奶的婴儿，如果他一个人待着，那他就会转而去进行一些能够带来感官满足的兴奋性活动。其中缺失的是情感联系的整个中间地带。如果妈妈离开的时间不长，宝宝就会在内在建立起妈妈的一个新版本，而这需要时间。婴儿重新开始使用过渡性活动就表现出了他成功地重建了对妈妈的信任。我们在婴儿身上看到妈妈离开的影响会在他大一点时更加明显，此时当他觉得被妈妈抛弃了，他就没办法玩耍，他也不能表达情感和接受情感。与之相伴的，还有我们前面提到的强迫行为。情感剥夺的孩子在恢复过程中的偷窃行为，也可以说是寻找过渡性客体尝试的一部分，而过渡性客体的失去则是因为内化的妈妈的死亡或消失。

一个女婴总是吮吸缠绕在自己拇指上的一小块羊毛面料。她3岁时，这块破布被拿走了，她吮吸拇指的毛病也就"治好"了。后来，她发展出了非常严重的强迫性咬指甲的行为，以及入睡时的强迫性阅读。

11岁时，她在分析家的帮助下记起了那块羊毛面料、上面的花纹和自己对它的喜爱，自此她才停止了咬指甲。

在健康的情况下，孩子会有一个从过渡现象和对过渡性客体的使用，到拥有完整游戏能力的演变过程。很明显，游戏对所有的孩子都至关重要，而游戏的能力则是情感健康发展的标志之一。我想告诉大家的是，游戏能力在早期就是孩子与第一个物体的关系。我希望父母在认识到这些过渡性客体是正常的、是健康成长的标志之后，对自己在每次带孩子出门时都要随身携带某种奇怪的东西的行为，能够不感到羞愧。他们当然不会表现出对这些东西的不尊重，他们会尽己所能避免这些东西丢失。这些东西就像老兵一样，终究会淡出孩子的生活。换句话说，它们会变成延伸到孩子的整个游戏和文化兴趣及活动疆域的一组现象，而这个宽广的疆域就是现实世界与幻想世界的中间地带。

区分梦境与外在现象显然是一个艰难的任务。这是一个我们都希望自己能够完成的任务，这样我们才能宣称自己是精神正常的。但在做这个任务的过程中，我们也需要休息的地方，这个休息的地方就是我们的文化兴趣和活动。我们允许小孩子比大人有着更广阔的由想象主导的区域，因此，游戏这个取材于现实世界却又保持梦境的剧烈强度的活动，被看作儿童生活的典型特征。在达成成人水平的心智健全的这个艰巨任务上，婴儿才刚刚开始，我们允许他们有一个中间地带，尤其是在他们从清醒到睡着的这段时间里。而这个中间地带中，我所提到的这些过渡现象和其中所用到的物体，就属于我们最初给到婴儿在这个任务中休息的地方，因为，此时我们对于婴儿区分梦境和现实只有一点点期待。

作为一名儿童精神分析家，当我接触孩子们，看着他们画画，听他们聊自己和自己的梦境时，我很惊讶地发现他们多半都记得这些非常早期的物体。他们对一些布块或者奇怪的物体的记忆常常让父母感到诧异，因为父母早就忘记了这些东西。如果一个物体还能够找到，那能从模糊的记忆中想到它在哪里的人，一定是孩子，它可能在抽屉的最深处，或者橱柜的最顶层。不仅是这个物体的丢失

（有时它确实会意外丢失）会给孩子带来痛苦，当父母因为不了解它对于孩子的重要性而把它送给别的孩子时，孩子也会感到痛苦。一些家长对这些物体的印象是如此根深蒂固，以至于他们在新的小宝宝出生时立刻把家中的过渡性物体放在小宝宝身边，期望能够达到跟上一个孩子一样的效果。自然地，他们可能会失望，因为以这样方式出现的这个物体，可能会对这个新的婴儿很重要，也可能不会。这都要看情况。我们很容易看到，以这样的方式将一个物体呈现给宝宝，有其危险性，因为它夺走了婴儿创造的机会。当然，如果孩子能运用家中的某个物体，这通常是非常有益的；这个东西会被命名，并且几乎会成为家中的一分子。宝宝对这个东西的兴趣最终会带来宝宝对洋娃娃以及其他玩具和动物的专注。

这整个主题都非常引人深思，值得父母们深入学习。你们不必非得是心理学家才能学习这些，过渡空间是你们的每个孩子都有的特征，你们可以从观察或记录过渡空间中这种依恋和过渡技巧的发展线中学到很多。

25
对正常父母的支持

读到这里，我想你已经看出我在试着讲一些积极的东西。我没有讲过如何克服困难，或者当孩子表现出焦虑的迹象时应该怎么做，或者当父母在孩子面前争吵时应该怎么办，但我有试着让那些能够养育出正常健康孩子的正常父母相信自己的本能，从而给他们一点支持。对于这一点还有更多可以探讨的，但我在本章只是尝试开始这个探讨。

可能有人会问：为什么要费力去跟那些本来就做得好的人沟通呢？那些有困难的父母不是才更需要帮助吗？毫无疑问，哪怕是在英国伦敦，在我工作的医院附近，也有很多饱受困扰的父母。我太了解这些困扰，以及家庭中普遍存在的焦虑和抑郁。但我试着不被这些压倒，我也看到我身边有人建立起稳定、健康的家庭，这些家庭构成了未来几十年社会稳定性的基础，而我的希望也建立在这些家庭之上。

可能还有人会问：为什么你要关心你说的那些健康家庭？难道他们自己不能处理好吗？我有很充分的理由去给这些家庭积极的支持：这些好的事物存在着一种破坏性倾向。认为好的东西不会遭受攻击，这绝非明智的想法；相反，如果想要最好的事物在被发现之后还能存续，那就一定要好好守卫它们。人们对好的东西总有一种憎恨和恐惧，这种情绪主要是无意识的，很容易以干涉、烦琐的规章制度、法律限制和各种愚蠢行为的形式出现。

我并不是说父母任凭这些官方规定摆布，或者受到它们的限制。英国政府就竭力给父母自由选择的权利，让他们可以选择接受或拒绝政府所给予的政策。当然，出生和死亡还是要登记的，某些传染性疾病还是要向官方汇报，5岁至11岁的孩子一定要上学。违反英国法律的孩子要同父母一起受到某种强制性措施的惩罚。但政府提供了多种服务供父母选择，父母也可以选择拒绝。举几个例子，政府提供托儿所、天花疫苗接种、白喉疫苗接种、产前检查和婴儿福利诊所、鱼肝油和果汁、牙科治疗、可低价购买的婴儿牛奶以及大一点的孩子可以在学校喝到牛奶，所有这些都是可得的，但不是强制性的。这一切都表明英国政府意识到了，一个好妈妈才是判断事物对孩子好坏的人，前提是这个妈妈了解某些事实，也得到了应有的教育。

问题在于，真正管理这些公共服务的人绝不是全都相信妈妈能比任何其他人更了解自己的孩子。医生和护士往往对某些父母的无知和愚蠢印象深刻，以至于他们不相信也会有智慧的父母。或许对妈妈的信任不足就是源自医生和护士的专业训练，他们有身体疾病和健康方面的专业知识，却未必具备理解为人父母的所有职责的知识。当一个妈妈质疑他们的专业建议时，他们很容易觉得她这么做是因为太固执，但实际上妈妈这么做是因为她知道如果在宝宝断奶时让他离开妈妈被送到医院，那对宝宝是有害的；或者她的小男孩不应该被这么快送往医院做包皮手术，而应该先更多地了解这个世界；或者她的小女孩因为极度神经质而不适合做疫苗接种（除非真的有传染病暴发）。

如果医生认为孩子的扁桃体要被切除，而妈妈对医生的决定感到担忧时，她又能怎么做呢？医生当然很了解扁桃体，但他没能让妈妈相信，他真的理解这是一个多严肃的事情：医生要对一个当下感觉良好的孩子做手术，而这个孩子还那么小，成人没有办法跟他解释其中的原因。这个妈妈只能坚持自己的想法，那就是如果可能的话，一定要避免这个事情的发生。如果她因为很了解自己孩子发展中的人格而坚信自己的本能，她就可以跟医生讲明自己的观点，参与到做决定的过程中。一个尊重父母专业知识的医生，也会很容易因为自己的专业知识而受到尊重。

父母知道他们需要给孩子提供一种简化的环境，他们知道孩子会一直需要这种环境，直到孩子能够理解并发症这种复杂的事情，那孩子就可以自己决定是否接受这些并发症。到了那个时候，孩子就成了这个问题的继任者，如果他真的需要切除扁桃体，那他就可以接受这个手术，而这个决定也不会伤害到他的人格发展，他甚至可能从这次医院经历中找到兴趣和乐趣，进而发现这件事的言过其实，从而又前进了一步。但这个时间的到来不仅取决于这个男孩的年纪，还取决于他是怎样的孩子。而只有像妈妈这样亲密的人才能够做出这个判断，但为了以防万一，还是需要一个医生帮妈妈彻底想清楚。

政府对父母采取的非强制性的教育政策确实是明智的，下一步就应该是教育那些管理公共服务的人，强化他们对正常妈妈的与孩子有关的感受和本能知识的尊重。妈妈是自己孩子方面的专家，如果她不被权威的意见所威慑，她就能很清楚地知道在照料自己孩子的过程中，什么是好的，什么是坏的。

任何不能明确支持父母是责任人这一观点的行为，从长远来看，都会伤害到我们社会的内核。

重要的是个体在家庭中从婴儿到儿童再到青少年的发展过程，这个家庭一直存在，且认为自己可以解决自身的局部问题——在一个微型世界中的问题。微型，是的，但这不意味着情感的强度和体验的丰富性就更低，只是意味着复杂性相对较低，而复杂性是相对次要的层面。

如果本章内容所取得的效果仅仅是激发其他人，让他们比我在本章中做得更好，让他们支持正常的父母，让他们真正而准确地了解，为什么应该信任自己的直觉和感受，那我就知足了。让作为医生和护士的我们竭力去帮助那些身体或心理患病的人，让我们的政府竭力去帮助那些因为各种原因而身处困境、需要关心和保护的人。但请同时记得，好在这世界上也有正常的男人和女人，尤其是社区中不那么复杂的成员，他们不害怕感受，我们也无须害怕他们的感受。为了使父母最大化地发挥他们的潜能，我们必须让他们全面负责自己的事务，也就是养育他们自己的家庭。

**The Child, The Family,
And The Outside World**

第三部分

外部世界

5 岁以下孩子的需求

婴幼儿的需求并不多变，他们的需求是与生俱来、不可改变的。

我们需要用发展的眼光来看待孩子，这样的方式十分有益，对 5 岁以下的孩子来说尤为重要，因为每个 4 岁的孩子也是 3 岁、2 岁、1 岁的孩子，也是一个断奶的婴儿、新生的婴儿，甚至还在妈妈子宫中的婴儿。孩子的情感年龄就是会往复的。

从新生婴儿到 5 岁孩子，无论是人格还是情感的发展，都是一段漫长的历程。如果没有特定的条件，孩子就不能很好地度过这段历程。这些条件只要足够好就可以了，因为孩子的心智会越来越能够容忍失败，而且孩子渐渐也能通过提前准备来应对挫折。我们都知道，孩子个人成长的必要条件是他们自己不是静态和固定的，而是处于一种质和量的变化状态，而这种变化是与自己年龄和需求变化相称的。

让我们仔细看下健康的 4 岁男童或女童的状态。在一天当中，可能有某些时候孩子会表现得像成人一样世故。男孩变得能够认同父亲，女孩变得能够认同母亲，也会有一些交叉认同。这种认同能力会体现在行为上和在有限的时间和特定区域内对责任的承担；它会体现在某些游戏中，这些游戏直观地展现了婚姻生活、为人父母和教育孩子等任务及其乐趣；它会体现在这个年纪典型的暴力的爱和嫉妒之中；它也会存在于日间的幻想之中，尤其存在于孩子的梦境之中。

这些是表现出健康的 4 岁孩子的成熟的一些要素，尤其要考虑到孩子的生命力的强大是源自本能，而本能是兴奋的生物学基础。兴奋的发生表现出一定的次序：准备阶段表现为本能张力的提高，提高到一定程度时会到达高潮，紧接着就是某种满足感和随之而来的张力释放。

5 岁以前孩子的梦境往往情感强烈，这标志着成熟——孩子处于人类三角关系的顶点。在这个情感强烈的梦境中，我们称之为本能的生物驱力是可接受的。对于一个孩子来说，跟上自己的生理成长绝非易事，因此，在梦境中和清醒时的潜在幻想中，孩子的身体功能会参与激烈的爱恨冲突。

一个发育良好的 4 岁孩子的需求是有可以认同的父母。在这个重要的年龄段，灌输道德观和文化模式是没有意义的。有效因素是父母、父母的行为以及孩子所感知到的父母双方的关系。这才是孩子吸收并模仿或反抗的东西，这也是孩子以无数种方式应用在自己个人发展过程中的东西。

此外，家庭是以父母关系为基础构建的，它的持续存在也行使着相应的功能；即便存在最糟糕的情况，家庭也因为最好的情况的存在而持续行使其功能，因此，孩子才可以容忍恨的表达和出现在可怕的梦境中的恨。

但有时，一个出奇成熟的四岁半的孩子会在切到手指或偶然跌倒时，因为需要安抚而变成 2 岁的状态，而在准备睡觉的时候又会变成婴儿的状态。无论孩子几岁，当他需要被深情地抱着时，他就是需要一种肢体形式的爱，这是他在妈妈肚子里和妈妈怀抱里时妈妈自然而然给到他的那种爱。

事实上，婴儿并不是一开始就具备认同他人的能力。在这种能力出现之前，婴儿必须先逐步建立一个完整的或独立的自我，然后逐步发展到能够感受到外部世界和内部世界都与自我相关，但都不是自我本身。自我是个体化的、独特的，绝不会有两个孩子的自我是相同的。

在 3 岁至 5 岁，与年龄相称的成熟最为重要，因为健康的婴儿和儿童一直在发展出这种成熟，且这种成熟对个体的整个未来发展都至关重要。与此同时，5 岁以下孩子的成熟通常与各个种类、程度的不成熟相适应。这些不成熟是健康依赖状态的残余，而这些依赖状态是所有早期发展阶段的典型特征。相较于绘制出 4 岁孩子的融合图景，分别给出各个发展阶段的图谱要更加容易。

即使进行最大限度的简化，我们也一定要区分以下元素：

（1）三角关系（家庭中的）。

（2）两人关系（妈妈向婴儿介绍世界）。

（3）非融合状态下的妈妈抱持婴儿（婴儿已经看到完整的他人，但还未感知到完整的自我）。

（4）妈妈以照顾婴儿身体的方式所表达的爱（母性技巧）。

（1）三角关系。孩子已经成为一个完整的人，是人类这个群体的一分子，陷入了一种三角关系。在潜在或无意识的梦境中，孩子爱上了父母中的一方，因而恨着另一方。从某种程度上来说，这种恨得以通过直接的形式表达，那这个孩子就是幸运的，他能够汇聚起早期阶段残留的潜在攻击性，并将其运用在这种恨意中。这种恨意是可接受的，因为其基础是原始的爱。但从某种程度上来说，这种恨意让孩子能够认同梦中与自己竞争的父母。此处，家庭的情形承载着孩子和孩子的梦境。这个三角关系有其现实形态，而这个形态是完好无损的。这种三角关系也存在于其他各种亲近的关系中，这使得孩子的注意力从家庭三角关系这一核心主题中转移出来，让孩子因家庭三角关系而产生的张力得以减轻，最终孩子可以在现实情境中应对这些张力。游戏在此尤为重要，因为它既是现实，又是梦境。尽管游戏让孩子可以感受到各种本来会被封存在遗忘的梦境中的感受，但游戏最终会停止，那些一起玩喝茶或者洗澡和睡前故事游戏的人也会离开。而且，孩子在游戏中（对于我们当前讨论的这个年龄段来说），旁边总会有一个成年人被间接卷入到游戏当中，这个成年人也愿意承担控制权。

假扮爸爸和妈妈、假扮医生和护士——对这两个童年期游戏进行深入观察会对不熟悉这个主题的人很有教益，模仿妈妈做家务和爸爸去工作的游戏也同样如此。研究儿童梦境需要特殊的技能，但也自然比简单观察孩子的游戏更能帮助我们深入孩子的无意识领域。

（2）两人关系。在早期阶段，我们看到的不是三角关系，而是更为直接的婴幼儿与妈妈的关系。妈妈通过挡开意外的冲击，或多或少在恰当的时候以恰当的方式提供孩子所需要的东西，极其巧妙地让孩子逐渐认识这个世界。我们可以很容易看出，在这个两人关系中，孩子自身应对困难的能力的成长空间比三人关系中更有限；换句话说，两人关系中的依赖性更强。尽管如此，这个关系中有两个完整的人，他们紧密地相互关联、相互依赖。如果妈妈自身是健康的，不焦虑、不抑郁、不混乱、不畏缩，那孩子就会在日益丰富的母婴关系中获得更广阔的人格发展空间。

（3）非融合状态下的妈妈抱持婴儿。当然，在这之前还有更强的依赖关系。妈妈作为一个每天都存在着的人，一个能够整合各种感受、感官知觉、兴奋、愤怒、哀伤等的人，而被孩子需要着，这些东西构成了婴儿的生命，但婴儿却不能容纳这些东西。婴儿还不是一个单独的个体。妈妈抱持着婴儿，这个正日益成为人类的婴儿。如果必要的话，妈妈可以在大脑中回想这一天对于宝宝意味着些什么。她理解婴儿。她在婴儿还不能感知到完整的自我时，就把婴儿看作是一个人。

（4）妈妈以照顾婴儿身体的方式所表达的爱。更早的时候，妈妈也是抱持着婴儿。我指的是身体上的抱持。所有非常早期的身体照料对婴儿来说都是心理层面的照料。妈妈主动适应婴儿的需要，一开始可能是非常彻底的适应。妈妈本能性地知道哪些需要十分迫切。她会以唯一一种不会造成混乱的方式来向婴儿呈现这个世界，那就是在婴儿的需求出现时就去满足这些需求。同时，通过照料婴儿的身体和给予婴儿身体的满足来表达爱，她让婴儿的心灵能够开始栖居于婴儿的身体中。通过照料婴儿的技巧，她表达了对婴儿的情感，并把自己塑造成一个可以被这个发展中的个体识别出的人的形象。

以上对于孩子需求的描述是为后面探讨家庭模式的各种变化给孩子带来的影响奠定基础。考虑到这些需求的变化属性，每一种需求都很独特。如果不能满足这些需求，就会导致孩子个体发展的扭曲。我们也可以将以下视为一个真理：需求的类型越是原始，个体对环境的依赖程度就越高，而不能满足这些需求就会造成越严重的后果。对婴儿的早期照料不是通过意识思考和刻意计划就可以做好的，只有通过爱才有可能做好。我们有时会说婴儿需要爱，但我们其实是在说，只有爱婴儿的人才能对婴儿的需求做出必需的适应，只有爱婴儿的人才能渐进地不能适应宝宝的需求并且正向地加以利用，而这种渐进的发展与婴儿能力的发展相称。

5岁以下孩子的基本需求属于所有相关的个体，而基本的原则是不变的。这个真理适用于过去、现在和未来的世界上各个地方、各种文化的人类。

父母和他们对于职责的观念

当今的年轻父母对于完成职责似乎有着新的观念——这是统计调查中没有出现的许多重要的内容之一。现代父母会等待、计划、阅读。他们知道自己只能给到两三个孩子恰当的关注，因此他们一开始的目标就是以尽可能好的方式来完成自己有限的父母职责：他们自己做。如果一切顺利的话，那结果就是一种直接的亲子关系，这种关系的强度和丰富性程度本身就会造成恐慌。我们认为，少了护士和其他照顾者，会出现一些特殊的问题，事实也确实如此。父母与孩子的三角关系真正成为现实。

我们可以看出，那些如此刻意地打定主意要让孩子在通往精神健康的道路上有一个好的起点的父母，他们自己就是个人主义者。正是因为这种个人主义，父母自身以后可能需要进一步的个人成长。在当代社会，虚假的伪装在减少。

这些觉得自己在履行一项职责的父母给婴幼儿提供了丰富的环境。此外，如果有可获得的真正的帮助的话，这些父母也会加以利用，但这帮助一定不可以削弱父母的责任感。

对于稍大一点的孩子来说，新生儿的出生可能是一次宝贵的经历，也可能是一个极大的烦恼，而愿意花时间去考虑的父母能尽可能地避免错误。但我们一定不能指望花时间思考就可以避免爱、恨和关于忠诚的矛盾。生活是艰难的，而正常健康的3岁至5岁孩子的生活最为艰难。万幸的是，生活也是有回报的，在这么小的年纪，生活还是会带来希望的，前提是家庭能带来稳定感，孩子对父母的相互关系感到幸福与满足。

那些想要成为合格父母的父母当然是给了自己一个艰巨的任务，而且也总会面临没有回报的风险。很多偶然的因素会窃取父母的成功，但幸运的是孩子患上身体疾病的风险比二十年前低了很多。父母愿意去了解孩子的需求，这有所助益。但我们也一定要记得，如果父母之间出了问题，他们也没办法因为孩子需要他们关系稳定就保持对彼此的爱。

社会及其责任感

社会对婴幼儿照顾的态度发生了巨大的变化。现在人们理解，心理健康和最终的成熟基础是在婴幼儿时期奠定的，这种成熟意味着成为成人之后，在认同社会的同时，不丧失自我价值感。

在 20 世纪上半叶，儿科学的重大进展主要集中在生理层面。人们已经普遍认为，如果可以预防和治疗孩子的身体疾病，那心理层面可以任其自行发展。儿科学仍需超越这个基本原则，也一定要找到一种方式既超越这个原则，又不失对生理层面的把握。约翰·鲍尔比（John Bowlby）医生的研究主要集中在婴儿与母亲分离的不良影响，他的工作使得医院的工作程序产生了极大的改变，现在妈妈会去医院看望孩子，而且医院尽可能避免让婴儿与妈妈分离。此外，对于被遗弃的孩子的管理政策也发生了改变，基本上废除了住院护士制度，而更多地发挥寄养家庭的作用。但是参与这些事务的儿科医生和护士仍然缺乏对于孩子为何需要与父母的持续关系的理解。如果人们能够意识到，通过避免孩子不必要的分离可以大大地减少孩子的心理问题，那这会是一个重大的进步。我们仍然需要加深对正常家庭环境中孩子是如何建立心理健康的理解。

我要再次强调，医生和护士虽然非常了解孕产期生理层面的事情以及婴儿在最初几个月的身体健康相关的问题，但他们不了解在最初喂奶时要让妈妈和婴儿待在一起，因为这是一个无法用规则清晰描述的事情，非常微妙，只有妈妈自己知道该怎么做。在世界各地，当妈妈在最初尝试找到与宝宝相处的方式时，其他领域的专家对此的干涉都会造成极大的困扰。

我们需要看到，在这个领域里，经过专业训练的工作者（产科护士、家访护士、幼儿园老师等某个岗位的专家）相对于父母来说可能是不成熟的人员，父母对于某个具体问题的判断可能比这些工作者要更加有依据。如果我们理解了这一点，那这些工作者的存在就不会造成太大的困难。这些工作者之所以必须参与其中，是因为他们的专业知识与技能。

父母一直以来需要的是有人给他们关于事情背后原因的启示，而不是给他们建议或者是指导他们怎么做。父母还要被给予试验和犯错的空间，这样他们才可以学习。

个案社会工作的方法拓展到心理学领域后，因其接受更宽泛的照料方式，很快发挥了其在问题预防方面的价值，但它同时也对正常或健康的家庭生活构成了威胁。我们需要牢记，国家的健康仰赖于家庭单元的健康和父母的情感成熟。因此，这些健康的家庭是神圣的领域，不容外人进入，除非这些人真正理解家庭的积极价值。但健康的家庭单元需要更大的单元的帮助。父母一直忙于自己的人际关系，他们要仰赖这个社会的支持才能实现自身的幸福和融入。

相对缺少兄弟姐妹

家庭模式的一个重大变化是，不仅相对缺少亲兄弟姐妹，也缺少表亲。不要妄想孩子有了玩伴，就能弥补没有表亲的缺憾。血缘关系可以逐步替代孩子与母亲的两人关系、与父母的三人关系，在孩子走向更广阔的社会的过程中是极为重要的。我们可以预见到，现代的孩子没办法得到传统大家庭时代的孩子所能得到的那种帮助。很多孩子是没有表亲的，而对独生子女来说，这是个严峻的问题。然而如果我们接受这个原则的话，我们可能会看到，现代小家庭可以获得的主要帮助是人际关系的范围和机会的延伸。幼儿园、保育班和日托如果孩子人数不多、职工配备合理，就可以有很大的帮助。我所指的不仅仅是职工的数量，还有职工在婴幼儿心理学方面的受教育水平。父母可以把孩子交给幼儿园，自己能休息一会儿。这样可以增大孩子的人际交往范围，让孩子不仅和其他成人来往，也和其他小孩子交往，还可以增大孩子游戏的范围。

许多正常或接近正常的父母如果整日整夜地带孩子，就会很容易对孩子生气，但如果他们有一些属于自己的时间，他们就可以在剩下的时间里和孩子相处得很好。我特别指出这一点，是因为我在行医的过程中，常常会遇到为了自己的健康和平静而寻找兼职的妈妈，她们需要帮助。人们对此有很多争议，但对于健康的家庭（我希望大家可以接受这并不是一个罕见的现象），父母可以参与做出送孩子去幼儿园或者日托的各种决定。

英国幼儿园的教育水平已经达到了一个非常高的标准。我们的幼儿园处于世界领先地位，这部分归功于玛格丽特·麦克米伦（Margaret McMillan）和我已故的朋友苏珊·艾萨克斯（Susan Isaacs）。对幼儿园老师的教育已经影响到了对各个年龄段孩子的教育的整体态度。确实，对于更大年龄的孩子的教育，除了将适合健康家庭的那些幼儿园教育进行进一步发展之外，其他任何形式的教育都会是悲剧。相比之下，日托就不是主要针对婴儿设计的，支持日托的权威人士也不一定对教职工和设备的配备那么感兴趣。日托比幼儿园更可能受到医疗部门的支配，因为我自己是一个医生，我很遗憾地说这些医疗部门似乎认为只要孩子身体发育正常、不生病，就没问题了。然而，日托也可以承担一个配备了恰当的教职工和设备的好幼儿园能承担的一部分工作，最重要的是，日托可以让疲惫、担忧的妈妈成为一个足够好的妈妈，因为日托可以让妈妈得以喘息，从妈妈的职责中脱身一段时间。

日托对于整个社会的困境有着明显的价值，因此它们将可以持续得到官方的支持。只要它们配备良好的教职工和设备，它们就不会对健康家庭的正常孩子造成伤害。现在的幼儿园办得很好，因此现代的好家庭可以合理运用它来扩展原本孤单的孩子的社交空间。因为好的幼儿园可以满足健康家庭的需求，它对社区有着无形却非常独特的无法量化的价值。如果大家认真对待当下，那我们的社会就一定会拥有未来，而未来源自健康的家庭。

27
妈妈、老师以及孩子的需求[①]

幼儿园的作用并不是替代缺席的妈妈,而是对孩子最初几年里原本由妈妈单独承担的角色的补充和延伸。幼儿园可能更像是家庭生活的"向上"延伸,而不是小学的"向下"延展。因此,在详细讨论幼儿园,尤其是老师的作用之前,我们似乎应该先来总结一下婴儿在妈妈这里的需求以及妈妈在孩子早年对其心理健康发展所起到的作用。只有了解了妈妈的作用和孩子的需求,我们才能真正了解幼儿园可以如何延续妈妈的工作。

任何关于儿童在婴儿期和学龄期的需求的报告,如果简短的话,势必会有一定程度的失真。然而,尽管我们很难基于当下的知识水平写出一份被广泛认同的翔实报告,但那些尤其专注婴儿期心理发展的临床研究的专家群体似乎认为,粗略的概述也足以被本领域的其他工作者普遍接受了。

我们有必要先简单了解一下妈妈、幼儿园老师和高年级老师各自的角色。

妈妈不需要对自己的职责有认知上的理解,因为她主要是基于

[①] 摘自一份联合国教科文组织的报告。作者是撰写这份报告的专家团成员之一,因此本章内容并不完全是他的成果。

对宝宝的天然理解而胜任这份工作。她对宝宝的爱而不是她的有意识的知识，让她在婴儿养育的早期阶段成为足够好的妈妈。

幼儿园老师并不天然了解任何一个孩子，除非她认同母亲形象从而间接地了解孩子。因此，她们必须被引导着逐渐意识到，婴儿的成长和适应有着内在的复杂心理过程，需要特殊的环境条件。对她所照顾的这些孩子的探讨，能够让她意识到正常情感发展的动态性。

高年级老师一定要更能从认知层面理解孩子成长和适应的本质。幸运的是，她并不需要了解一切，但她应该具备接受孩子成长过程的动态性和复杂性的气质，并乐于通过客观观察和有计划的研究来增长自己的知识。如果她能有机会和儿童心理学家、精神病医生和精神分析师去探讨相关的理论，那肯定会对她大有帮助；当然，读书也会很有帮助。

父亲的角色至关重要。因为一开始，父亲能给妻子物质和情感上的支持，后来父亲和婴儿之间有着直接的关系。在孩子上幼儿园的年纪，他对孩子来说可能已经变得比妈妈更重要了。但在后文的报告中，我们也不可能完整地描绘爸爸的角色。

幼儿园这几年很重要，因为孩子正在从一个阶段过渡到另一个阶段。虽然在某些方面和某些时刻，2岁至5岁的孩子会成熟得像青少年，但他们又会在其他方面和时刻不成熟得像个婴儿。只有当妈妈早期的照料是成功的，并且父母后续提供了必要的环境条件时，幼儿园的老师才能很好地把自己的母性功能让位于学前教育的功能。

实际上，幼儿园里的每个孩子都在特定时刻和特定方面是一个需要母性照料（和父性照料）的婴儿。另外，每个孩子都或多或少经历过母亲的一些失败的照料，如果这些失败不是太严重，幼儿园就有机会去补充和修正。由于这些原因，年轻的老师需要学习如何像母亲一样照顾孩子，而她也有机会通过与妈妈们的交流和对她所照顾的孩子的妈妈的观察来学习。

儿童期和婴儿早期的正常心理

在 2 岁至 5 岁或 7 岁的年龄段,每个正常的孩子都正在经历最强烈的冲突,这些冲突是能够丰富感受和人际关系的强大本能驱力所造成的。这一时期,孩子的本能不再像婴儿早期(主要与食物相关)的本能。孩子有意识和无意识的幻想生活也从本质上发生了改变,这使得孩子对母亲和父亲的认同、对妻子身份和丈夫身份的认同成为可能,而伴随这些幻想体验,孩子也有了身体感受,也开始产生类似正常成人那样的兴奋。

与此同时,孩子也刚刚建立起一种认识,即母子关系是两个完整的人之间的关系。此外,在这个年龄,孩子学着感知外在现实,并理解妈妈有自己的生活,妈妈不能真的被他占有,因为妈妈属于别人。

这些发展的结果是,爱的观念会伴有恨的观念、嫉妒和痛苦的情感冲突,以及个人的痛苦。如果冲突太大,就会带来潜能受损、抑制、压抑[①]等,从而导致不良症状的产生。孩子对情感的表达一定程度上是直接的,但随着儿童的发展,他会更多地通过游戏和话语的方式来表达自我,从而让自己得到释放。

在这些问题上,幼儿园有着明显的重要功能。其中之一就是幼儿园每天给孩子提供了几小时的情感氛围,这种气氛不同于家庭的高度亢奋。这给孩子的个人成长提供了喘息空间。此外,在幼儿园中,孩子可以形成不像家庭中那么紧张的新的三角关系,而且可以在孩子们之间表达这种关系。

学校代表着家庭,却不能替代孩子的家庭,它给孩子提供了与

---

① 这里指心理学意义上的压抑。

父母之外的人建立深度关系的机会。这个机会中包含的要素有教职工人员、其他的孩子，以及一种整体包容而稳定的、可以容纳孩子的体验的环境。

然而，我们一定要记得，尽管有这些证据显示了孩子在走向成熟的过程中有某些方面的成长，但也会有其他方面的不成熟。例如，孩子还没有完全发展出准确觉知的能力，因此小孩子对世界的认知会更加主观而不是客观，尤其是在正要入睡或刚刚醒来时。当面临焦虑的威胁时，孩子很容易回到婴儿时的依赖状态，其后果往往是重新出现婴儿期的失禁现象，或者他们不能忍受挫折。因为这种不成熟，学校一定要能够接管在早期给予婴儿自信的妈妈的职能。

孩子到上幼儿园的年纪时，还未必完全建立对同一个人既爱又恨的能力。更原始地摆脱冲突的方法是将"好"与"坏"完全分裂。孩子的妈妈不可避免地既激发出孩子内在的爱，也激发出愤怒，而妈妈持续这样存在着，从而使得孩子能够开始将妈妈看似好的部分和看似坏的部分进行整合。因此，孩子开始有内疚感，开始担心自己因为爱妈妈和妈妈的不足而对妈妈展开攻击。

在内疚和担心的发展过程中有一个时间因素，其发展顺序是：爱（包含攻击性元素）、恨、一段时间的消化、内疚、以直接表达的方式或者建设性游戏的方式进行的修复。如果错失了修复的机会，那孩子势必会有相应的反应：失去内疚的能力，并最终失去爱的能力。幼儿园延续了妈妈的这项工作，通过保持人员的稳定性和给孩子提供建设性的游戏，让每个孩子都能找到方法去处理因攻击性和破坏性冲动而产生的内疚感。

妈妈已经完成的一项非常重要的任务，可以用"断奶"一词来描述。断奶暗示着妈妈曾经给过孩子一些好的东西，等孩子有了愿意戒断的迹象之后，帮助孩子完成了戒断，尽管这会激起孩子的愤怒反应。孩子从家庭到学校的过程从某种程度上再现了这个经历，因此，对孩子断奶史的研究，能够极大地帮助年轻老师们理解孩子在刚刚进入学校时可能会出现的问题。如果一个孩子能够很好地面对去学校这件事，老师就可以把这当成是妈妈断奶任务的成功的延伸。

妈妈也通过其他方式，在自己不知情的情况下完成了某些为孩子后续心理健康奠定基础的必要任务。比如，如果没有妈妈这么小心地把世界呈现给孩子，孩子就没有办法与世界建立满意的关系。

幼儿园教育提供了梦境与现实之间的中间地带；值得注意的是，它们以一种积极的方式运用了游戏，同时也运用了故事、绘画、音乐等。幼儿园在这个中间领域可以极大丰富孩子的体验，帮助孩子找到自由的想法与群体相关的行为之间的运作关系。

通过不断地寻找和发现婴儿内在的人，妈妈让婴儿能够逐步聚合出一个人格，从内在整合出一个独立的单元。这一过程在幼儿园时期还尚未完成，在这个时期，孩子持续需要个人化的关系。因此，幼儿园的工作人员需要知道每个孩子的名字，根据孩子的喜好为他们穿衣和对待他们。在较顺利的情况下，孩子的个性随着时间发展得非常稳固，以至于孩子自己想要加入群体活动。

对婴儿来说，从出生时（或出生前）起对婴儿的身体照料一直有着心理层面的意义。妈妈抱持婴儿、给婴儿洗澡、给婴儿喂奶的技巧，妈妈对宝宝做的一切事情，共同构成了婴儿对妈妈最初的概念，后续婴儿逐步在此基础上增加了妈妈的外观等生理属性以及妈妈的感受。

如果没有持续的照料，孩子不可能发展出心灵栖居在身体内的认识。当幼儿园持续地为孩子提供实体环境和身体照料时，幼儿园在行使着确保精神卫生的职能。喂哺从来不是简单地把食物送入宝宝身体，而是幼儿园老师延续妈妈工作的又一种方式。学校如同妈妈一样，通过喂养孩子来表现对孩子的爱；也同妈妈一样，料想到自己可能会被孩子拒绝（恨、怀疑），也可能会被孩子接受（信任）。幼儿园里没有非个人化或机械化存在的空间，因为这对孩子意味着敌意或者（甚至更糟糕的）冷漠。

这一部分所阐述的妈妈的角色和孩子的需求清楚地表明，幼儿园老师需要了解妈妈的职能，而这是与幼儿园老师和小学教育相关的主任务一致的。幼儿园里缺乏心理学老师，但我们可以指导幼儿园的老师，让他们自己去发掘相关的资源——观察家庭环境下妈妈和爸爸是如何照顾孩子的。

幼儿园老师的角色

假设幼儿园在某些维度补充和延伸着好家庭的功能，幼儿园老师自然承担了妈妈的某些属性和责任，却不需要发展出自己与孩子的母性情感连接。她的职责更多是保持、加强和丰富孩子与家庭的关系，同时帮助孩子了解一个更加广阔、包含更多人和更多机会的世界。因此，从孩子一入学起，老师与妈妈之间诚恳的关系有助于唤起妈妈的信任和孩子的安心。这样一种关系的建立将有助于老师发现和理解孩子身上因为家庭原因而造成的困扰，在很多情况下，这也让老师有机会帮助妈妈增强自己作为母亲的信心。

孩子进入幼儿园是一种外在于家庭的社会性的体验。它会让孩子产生心理上的问题，也为幼儿园老师创造了机会，让她可以做出自己的第一个精神卫生方面的贡献。

孩子进入幼儿园也可能会让妈妈万分焦虑，她可能会误解孩子对家庭之外发展机会的需求，她可能会觉得孩子的这种需求是源于自己的不足而不是孩子天然的发展需要。

孩子进入幼儿园时所产生的这些问题证明了这样一个事实：在整个幼儿园期间，老师有着双重的责任和双重的机会。她有机会帮助妈妈发现自己的母性潜能，同时也有机会帮助孩子克服个人发展中所面临的不可避免的心理问题。

对家庭的忠诚和尊重是维系孩子、老师和家庭之间稳固关系的基础。

老师扮演着热情、富有同情心的朋友的角色，她不仅是孩子家庭生活之外的学校生活的支柱，也是一个面对孩子言行坚定且一致的人。她可以洞悉孩子个人的喜与悲，包容他们的不一致性，在他们需要时给予帮助。她的机会存在于她与孩子、与妈妈、与一个群体中所有孩子的关系中。与妈妈相比，她接受过专业的训练，拥有丰富的专业知识，也能对她所照顾的孩子保持客观的态度。

除了老师及其与孩子个体、孩子妈妈和孩子群体的关系外，幼儿园的整体环境也对孩子的心理发展有着重要的意义。它提供了一个更适合孩子能力水平的物理环境，不像在家里那样：家具是按照成人的尺寸打造的，空间根据现代住所的样式进行了压缩。在这种情况下，孩子周围的人不可避免地更关注家庭事务的正常运转，而不是创造出一个环境，让孩子可以通过游戏发展出新的潜能，而游戏是孩子发展所必需的一种创造性活动。

幼儿园还能让孩子享受同龄人的陪伴。这是孩子第一次感受到自己是平等群体中的一员，因此他需要发展出在这样一个群体中与人和谐相处的能力。

在幼儿时期，孩子要同时承担三大心理任务。第一个任务是，他们要在开始认知到现实并与现实建立关系的过程中，逐步建立起"自我"的概念。第二个任务是，他们要发展出与一个人（妈妈）建立关系的能力。在孩子上幼儿园之前，妈妈已经让孩子在这两方面有了极大的发展。事实上，一开始，进入学校对孩子与妈妈的关系确实造成了冲击。孩子应对这种冲击的方式是发展出另外一种能力，那就是与妈妈之外的人建立关系的能力。幼儿园老师就是这个妈妈之外的人，所以她一定要意识到自己对孩子来说并不是一个"寻常"

的人,她也不能以"寻常"方式对待孩子。比如,她必须接受这样一个想法,即孩子只能慢慢学会与其他孩子分享老师,而且不感到难过。

随着孩子成功地发展出第三种能力,孩子与其他孩子分享老师的能力就会提升,而这个第三种能力就是建立多人关系的能力。到了上幼儿园的年龄时,孩子这三种能力的发展程度如何,很大程度上取决于早期与妈妈相处的经历的质量。这三种心理能力会共同持续发展下去。

这个发展过程的持续会带来一些"正常的"问题,这些问题会在幼儿园期间频繁地通过孩子的行为表现出来。尽管这种问题的发生是正常而频繁的,孩子还是需要有人帮他们一起解决这个问题,因为万一没解决好,可能会给孩子的人格留下一生的印记。

学龄前儿童往往会受到他们自身强烈情感和攻击性的伤害,因此老师一定要常常保护孩子,让他们免受自身的这些伤害,还要在具体的情景下立刻给予必要的控制和指导,并保证给孩子提供恰当的活动,帮助孩子把自己的攻击性导向创造性的活动中,并获得有效的技巧。

在这个时期,孩子在家庭和学校里的经历相互影响,贯穿始终。一个环境中的压力会让孩子在另一个环境下出现行为问题。当孩子在家里出现行为问题时,老师往往可以通过她在学校了解的孩子的经历来帮助妈妈理清究竟是怎么回事。

通过对正常发展阶段的了解,老师也一定做好了准备,能应对孩子突然的和戏剧性的行为变化,并学会容忍孩子因家庭环境中的干扰而产生的嫉妒情绪。清洁习惯全面崩溃、喂哺与睡眠困难、言语功能发育迟缓、运动神经活动缺陷以及其他症状都会出现,这些也是发展中的正常问题,又或者它们会以一种夸张的形式出现,偏离正常的轨道。

孩子刚刚进入学校时，老师还要面对在依赖与独立之间毫无规律的情绪波动，或者孩子直到幼儿园晚期都还分不清对与错、幻想与现实、自己的所有物与别人的所有物。

老师需要足够的知识来指导自己合理地应对这些问题，要么在幼儿园的内部解决，要么转介给相关专家。

孩子情感、社会、智力和身体潜能的全面开发依赖于幼儿园组织和提供的活动。教师在这些活动中发挥着至关重要的作用，她将对儿童符号语言和表达的敏感觉知与她对此的知识，以及对儿童在一个群体中的特殊需求的领会结合起来。此外，老师一定要把自己的教育智慧与对各种形式的游戏（如戏剧性的、创造性的、自由的、有组织的和建构性的等）价值的理解结合起来。

在学龄前，游戏是孩子解决发展带来的情感问题的主要手段。游戏也是孩子的一种表达方式——用来讲述和询问的方式。如果老师要帮助孩子解决成长中不可避免的、成人常常意识不到的痛苦难题，那她就要认识到游戏的意义，她需要通过训练来帮助自己认识到游戏对学龄前儿童的重要性并加以运用。

幼儿园的教育要求教师要对所有孩子身上普遍存在的、为社区所不能接受的冲动和本能欲望加以约束和控制，同时也要给学生提供工具和机会，让他们的创造性和智力得到全面发展。此外，教师还要为孩子提供表达其戏剧性的幻想生活的手段。

最后，教师与其他教职工和谐相处的能力，以及保持自身女性气质的能力，也与其对孩子的工作密不可分。

28
关于影响与被影响

探究人类内心世界的一大绊脚石无疑是人们难以认识到无意识感受的存在及其重要性。当然，长期以来，人们都表现出了对无意识的了解，比如我们都经历过一个想法出现又消失、失去的记忆又回来或者能够闪现某种灵感（无论好坏）的状况。但这种对事实的直观认知与对无意识及其重要性的智性认识有着极大的区别。对无意识感受的发现需要极大的勇气，这一发现将永远与弗洛伊德的名字联系在一起。

我们需要勇气，因为一旦接受了无意识的存在，我们就走上了一条最终会通往痛苦的道路——我们会意识到，不管我们多么努力地想要把邪恶、兽性和坏的影响看成我们自身之外的东西，或者是外界带给我们的影响，最终我们会发现不管人们做什么或者受到什么影响的驱使，这些东西就存在于人类本性之中，事实上，就是我们自己内在的东西。当然，有害的环境确实存在，但（前提是我们已经有了一个好的开始）我们应对这种环境时所遇到的困难主要是来自内在的根本性冲突的存在。人们早就从直觉上对此有了认识，或许从有第一个自杀的人开始，人们就知道了。

人们也难以接受，那些好的影响或者被他归为上帝的力量的事情其实来自他自己的天性。

因此，我们对人类天性思考的能力，很容易因为我们对真相的恐惧而受到局限。

在认识到人性存在无意识层面和意识层面的背景之下，详细研究人类关系必会有所获益。这一宏大研究主题的一个层面可以归纳为一个词组：影响与被影响。

对教师来说，研究人类关系中影响力的重要性一直很重要，对研究社会生活和现代政治的学生来说，这一研究尤其有意义。这一领域的研究需要我们或多或少考虑到无意识层面。

对一种特定的人类关系的了解，能够让我们理解与影响力相关的某些问题。这种关系根植于个体生命的早期，那时个体与另外一个生命的主要联系之一就是喂奶。与通常的生理学意义上的喂奶并行的，还有孩子对环境中人和事的摄入、消化、保留和排斥。尽管孩子会长大，会发展出其他类型的关系，但这个早期关系或多或少贯穿孩子的一生；而在我们的语言中，我们可以找到很多词或短语来描述与食物或者与人、与不可食用的物品的关系。带着这一点，我们再来看看我们正在探讨的这个问题，或许可以看得更深一点或者更清楚一点。

显然，有一些不满足的宝宝，也有一些妈妈，迫切地希望宝宝可以接受自己提供的食物，却希望落空。我们也知道存在那么一些同样不满足的成人，他们在与他人发展关系时感到挫败。

例如，有人会感到空虚，又恐惧这种空虚，还害怕这种恐惧让自己的食欲有攻击性的一面。这个人的空虚可能由于一个常见的原因：好朋友的逝去，或者丢失了宝贵的东西，或者他由于某种更加主观的原因而感到抑郁。这样一个人需要一个新的客体来填充自己，这个新的人可以取代失去的人，又或者需要一套新的想法或哲学思想，来取代失去的理想。我们可以认为这样一个人很容易被影响，除非他能忍受这种抑郁、哀伤或无望，等待自己自然地恢复，否则他就一定要去寻求一个新的对自己有影响的人或事，或者接受任何恰好出现的有力的影响者。

我们知道还存在另外一种人，他很需要给予别人、填充别人、激励别人，其实是想向自己证明他可以给予别人的那些东西是好的。当然，他无意识中会怀疑自己给予的这个东西。这样的人一定愿意教学、组织、影响舆论、通过影响他人的行动来达到自己的目的。作为一个妈妈，这样的人容易过度喂养或者引导她的孩子，而这种急于填充他人的焦虑和我前文所描述的饥饿的焦虑又有着某种关系。这样的人会害怕别人太过饥饿。

毫无疑问，正常的教授他人的驱力也正是源于此。我们所有人都或多或少需要工作来维持心理健康，在这一点上，老师与医生或护士没有差别。我们的驱力是正常还是异常，主要取决于焦虑的程度。但我认为，从整体上来说，学生更希望老师没有这种教授他人的急切需求，这种急切的需求其实是想通过教授他人来逃避自己的个人问题。

如此一来，我们可以很容易想象出当两个极端相遇时——受挫的给予者遇到了受挫的接受者——会怎样。一个人感到空虚而急于寻找新的影响者，而另一个人则急于填充他人并施加影响力。在极端的情况下，当一个人完全吞掉了另一个人，那结果就会是荒谬的模仿。这种情况可以解释我们常常看到的虚假的成熟，或者为什么一个人好像一直在表演。一个孩子模仿一个英雄，这是一件好事，但这种模仿来的善良往往会不太稳定。另一个孩子模仿着一个令人敬仰或畏惧的坏人，表现得很邪恶，你会觉得这种邪恶并不是天生的，而似乎是强迫性的，这个孩子只是在扮演一个角色。人们也常常会发现，有些孩子生病了，其实是在模仿一个刚刚逝去的、孩子深爱的人。

人们会认为影响者和被影响者之间这种亲密的关系是一种爱的

关系,而这种关系会很容易被误认为是真正的爱的关系,尤其是当事人自己。

大部分师生关系都处于这两个极端之间。在这些师生关系中,老师喜欢教学,也会因为教学的成功而感到安心,但他的心理健康绝不依赖这种成功。同时,学生喜欢接受老师的教导,但不会在某种焦虑的驱使下一定要模仿老师、原样保留老师所教授的东西或者相信任何老师教授的所有东西。老师必须能够容忍学生的质疑,就像妈妈要容忍孩子对食物喜好的时时变化,而学生则要容忍不能立刻或者一定得到想要的东西。

正因如此,教育行业中最热忱的老师可能会在实际工作中受到限制,因为他们的这种热忱会让他们不能容忍学生对于老师所教授东西的筛选和检验,或者学生最初的排斥反应。这些麻烦在实际工作中不可避免,除非有人用不健康的强力方式去压制。

这些考量也同样适用于父母对孩子的教养方式。事实上,如果父母采取这种影响与被影响的关系模式来爱孩子,那它越早出现,造成的影响就越严重。

如果一个女人想要成为一个妈妈,却希望自己永远也不用满足孩子在急于排泄时想要弄得一团乱的冲动,永远不用处理自己的方便与孩子的自发性之间的冲突,那我们就会认为她的爱是浅薄的。她可能会强力压制孩子的欲望,如果她的压制成功的话,她的孩子就会失去活力;这种成功也会很容易转变为失败,因为孩子会采取无意识反抗,可能会失禁,让人措手不及。这难道不是与教学很相似吗?

好的教学要求老师能够容忍自己在自发性的教学中受挫——这可能会带来强烈的挫败感。孩子在学习成为文明人的过程中,也很自然地会有强烈的挫败感,而帮助孩子成为文明人的,更多的是老师自己忍受教学固有的挫败感的能力,而不是老师的行为准则。

教学过程并不总是完美的,老师不可避免地会犯错。有时任何老师都可能会有不友善或不公平的行为,或者甚至做出不好的事情。但认识到这些并不能让老师不再有挫败感。比这些更加难以忍受的是,有时老师给出的最好的教导也会被学生排斥。孩子会把自己性格和经历中的怀疑带到学校里,而这些怀疑是他们自己情感发展问题的重要部分;孩子也常常很容易歪曲他们在学校看到的东西,因为他们预期会在这里看到在家庭中看到的东西,要么是再现,要么是表现出其对立面。

老师一定要忍受这些失望;反过来,孩子则一定要忍受老师的情绪、性格问题和压抑。有时老师也会莫名心情不好。

我们越深入探究,就越会觉得,如果老师和学生都是健康的人,那他们在互动之中就要彼此牺牲掉自己的一部分自发性和独立性,而这几乎是与学科教学和学习同等重要的教育内容。无论如何,如果"给予和索取"这门课程缺席,或者展现出的是一个人格对另一个人格的主宰,哪怕学科教学做得再好,教育也是失败的。

从这一切中,我们可以得出什么结论呢?

我们的思考使我们得出这样的结论:最误导人的教学评估系统就是仅以学业的成功或失败来评估教育的好坏。人们很容易认为教育的成功就意味着,孩子发现应对某个特定老师、某门特定学科或者整个教育体系最简单的方式就是屈从,张开嘴巴、闭上眼睛,不加批判和检验地囫囵吞枣。这是错误的,因为这意味着对真正的质疑的全面否定。这样的情形不利于学生个人的发展,却是独裁者的天堂。

在探讨影响力和其在教育中的合理地位时,我们最终明白,教育的不当在于错误地运用孩子几乎最为神圣的天性:自我怀疑。独裁者知道这一切,通过给孩子提供没有怀疑的人生来挥舞自己的权杖。多么无趣!

29
教育诊断

医生能教给老师什么有益的东西呢？显然，医生不能教老师怎么教学，也没有人希望老师用一种治疗学生的态度来教学。学生不是病人，至少他们在学习时不是老师的病人。

如果一个医生审视教育领域，他很快就会问：医生的所有工作都是基于诊断，教学中有哪个部分对应着行医中的诊断呢？

诊断对于医生来说是如此重要，以至于医学院中曾一度有着忽略治疗的倾向，或者说把它放在一个角落里，很快就遗忘了。在医学教育的鼎盛时期，也就是三四十年以前，人们兴高采烈地谈论着医学教育的这一新阶段，治疗成了主要的教学内容。我们现在可以看到一些了不起的治疗手段，例如盘尼西林、无菌手术、白喉免疫接种等等，公众因此误以为医疗水平提高了，殊不知正是这些改进威胁到了优良医疗的基础，即准确的诊断。如果一个人生病发烧，医生给他开了抗生素，他好起来了，他以为自己得到了很好的医疗服务，但从社会意义上来说，这个病例是个悲剧，因为医生没有基于他对药物的反应去做出必要的诊断，而这个药物是医生盲目开具的。科学的诊断是我们医学遗产中最为宝贵的部分，也是医生区别于信仰治疗者、整骨师和其他快速疗法提供者的地方。

问题是，当我们去寻找教育职业中与医学诊断相对应的部分时，我们会看到什么？或许我说的不对，但我觉得我一定要说出我的观点，那就是我几乎看不到真正与医生精心的诊断相对等的东西。在与教育工作者打交道的经历中，我内心常常感到困扰：学校没有给学生进行诊断，就直接对他们开展教育工作。虽然有一些明显的特例，但我认为这个表述大体上是属实的。无论如何，如果医生能够跟老师讲一讲，在他看来诊断如果正式应用在教学领域会有什么收获，这可能会对老师有所帮助。

首先，前人在这个方向上做过哪些工作呢？每个学校都存在一种诊断：如果一个孩子是让人反感的，学校就会倾向于摆脱这个学生，要么直接开除，要么间接施压。这对学校来说可能是好事，但对孩子却是不利的。多数老师都会认同，最好一开始就不要让这样的孩子入学，于是委员会或者校长就会说："很不幸，我们不能再收学生了。"然而，校长很难确定自己在拒绝接受一个让他有疑虑的学生时，他是不是同时在拒绝特别有趣的学生。如果有一个选拔学生的科学方法，学校肯定会用这个方法。

当下就有测量智力的科学方法，即智商（IQ）测试。各种知名测试都被广泛应用，尽管有时学校在使用时夸大了它们的作用。IQ测试的量表两端都很有指导意义。通过这些精心准备的测试，学校可以知道哪个学生虽然在学校表现得不好，但他其实是可以到达平均水平的，因此如果教学方法没问题，那就是他的情感发展问题限制了他的学业表现。学校还可以知道哪个学生的智力远低于平均水平，那几乎可以肯定他有智力缺陷，因此为智力正常学生所设计的教学方案对他没有帮助。一般而言，测试之前就能够明显看出哪些孩子是有智力缺陷的。目前大家普遍认识到，为智力落后的孩子提供特殊学校，为智力非常落后的学生提供康复中心，这对任何教育体系来说都是必要的。

目前为止，都还算好。只要有科学的方法，学校就可以对学生做出诊断。但多数老师觉得班里有一些聪明的孩子和一些不那么聪明的孩子是很自然的事情，只要班里的学生不是多到没办法给学生们做个人工作，他们都能适应不同学生的不同需求。让老师觉得麻烦的并不是孩子智力的不同，而是他们情感需求的不同。哪怕是在教学方面，一些学生很适应填鸭式灌输，而另一些学生却只能按照自己的节奏和方式来学习，几乎是秘密地学习。在纪律方面，群体与群体之间差别很大，没有什么方法百试百灵。仁慈可能在一所学校有效，但它也会在另一所学校无效：自由、仁慈和宽容会让一些人受到伤害，正如严格的氛围会让一些人受到伤害一样。此外，不同的孩子有着不同的情感需求——学生对老师人格的依赖程度、学生对老师这个人发展出的（成熟的和原始的）情感的强度，都各不相同。这些都会因人而异，尽管好的老师能够把这些理清楚，她也经常有一种感觉，即为了更多学生的需求而不得不忽略少数学生明显的需求，如果学校要去适应一两个学生的特殊需求，那就要影响到多数学生的需求。这些重大的问题日夜萦绕在老师心间，而一个医生的建议则是如果有了诊断，那能做的事情就会比现在更多。或许教育诊断的困难在于还没有整理出恰当的分类标准。下面的建议可能对此有所帮助。

在任何一群孩子中，总有一些孩子生活在令人满意的家庭里，也总有一些孩子生活在不尽如人意的家庭里。前者很自然地利用家庭来发展情感。在这种情况下，孩子的父母能够并愿意承担责任，最重要的测试和实践都是在家庭中完成的。这些孩子来到学校是因为他们的生命中需要有一些其他的补充——他们想要学习课程。即使学习让人厌烦，他们也想要每天学习，从而能够通过考试，这样下去，他们最终才能有一份像他们父母那样的工作。他们期望学校里有组织性的游戏，因为在家不能做这样的游戏，但字面意义上的玩耍其实是属于家庭中的活动，是家庭生活的次要活动。另一些孩子则相反，他们来到学校是为了另一个目的。他们觉得学校可能会给他们提供家庭没能提供的东西。他们来到学校不是为了学习，而是为了从学校中找到一个家庭。这意味着他们在寻求一种稳定的情绪环境，从而让他们展现自己情绪的不稳定性，他们在寻求一个他们可以逐渐成为其一部分的群体，他们在寻求一个可以经过实践检验、能包容他们的攻击性表现和攻击性想法的群体。这两种截然不同的孩子竟然在同一个班级里，这是多么奇怪啊！因此，我们当然应该考虑划分不同类型的学校，但不是随机划分，而是通过刻意的安排，来满足这些截然不同的孩子们的需求，而他们的需求是诊断出来的。

　　教师们会发现，自己天性更加适合教导某一类学生。第一类孩子迫切需要好的教学，重视学业指导。对于这些生活在足够好的家庭里的孩子（或者如果是寄宿学校，那就是孩子可以回到一个足够好的家庭），学校可以实现最好的教学。第二类学生的家庭环境不够好，所以他们需要的则是有组织的学校生活，包括恰当的教职工人员安排、规律的用餐、穿衣、对其情绪的照顾，以及在他们顺从与不合作这两种极端情绪下对他们的照顾。对于这些孩子，重点则在于照料。在这种情况下，学校应该选择性格稳定的老师或者私人生活足够好的老师，而不是能教好算术的老师，而且这种工作只能在小群体中实现。如果一个老师管理的学生人数太多，她如何能够熟悉每个孩子，如何应对孩子每天的变化，又如何理清情绪爆发、无意识的独断和有意识的对权威的试探？在极端情况下，相关部门要采取必要的措施，以收容所的形式给这些孩子提供一个家庭生活的替代品。这样做，学校就无须考虑照料孩子，从而有机会进行真正的教学。在小的收容所里，因为孩子人数很少，每个孩子都可以在很长一段时间内得到为数不多的几个稳定职工有针对性的照顾，这对孩子来说大有裨益。这些职工与每个孩子仅有的家庭生活的关系本身就是一个棘手又耗时的问题，这进一步论证了在照顾这些孩子时要避免群体里的孩子人数太多。

如此对学生分门别类地进行教学和管理，自然会发生在私立学校，因为私立学校中有各种不同的学校、各种风格的老师。在专业机构的帮助下，或者因为道听途说，父母或多或少逐渐理清了自己的思路，而孩子也进入了适合他们的学校。但在一些地方，走读学校必须是政府办的，那情况就很不一样了。政府不得不相对盲目行事，因为孩子一定要在自己生活的社区附近上学，而在每个社区都创办足够多的学校去满足这些极端的需求，这很难实现。政府可以了解到智力缺陷和智力正常之间的差异，也可以注意到反社会行为，但是运用如此微妙的分类方式去区分生活在好家庭和不好家庭的孩子，这是极其困难的。如果政府尝试区分好的家庭和不好的家庭，那肯定会有系统误差，这些误差必然会影响到那些尤其好的父母，他们不那么常规，因而没有非常在意外在表现。

尽管处理这个问题会有诸多困难，但让人们注意到这个事实仍然是有价值的。极端情况有时能更好地阐明一些观点。一个反社会的孩子，他的家庭因为种种原因而没能起到应有的作用，这样的孩子需要特殊的照顾。这是很容易理解的，这样一个极端例子能够帮助我们看到，所谓"正常的"孩子可以被分成两类：一类是，其家庭能为孩子提供良好的照顾，对于这些孩子来说，教育是好的补充；另一类是，期望学校能够提供家庭所没能提供的东西的孩子。

有一些孩子可以被归类为家庭不够好的孩子，但他们实际上有一个好的家庭，只是因为自身的问题，他们不能很好地运用这个好家庭。这类孩子的存在让情况更加错综复杂。很多有几个孩子的家庭中，都有一个很难在家里教养好的孩子。不过，为了更好地阐明这个观点，我们将问题简化，只把孩子们分类为其家庭能提供良好照顾的孩子和家庭不能提供良好照顾的孩子。我们有必要进一步深入这个主题，对以下两种孩子进行区分：第一种，家庭给了他们一个好的开始，但后来又没能很好地照顾他们；第二种，家庭从来没有很好地帮助他们认识世界，甚至在婴儿早期也没有。对于第二种孩子来说，有些孩子的父母本可以给他们这些必需的东西，但一些事情阻挠了这个过程，比如一场手术、一段长期的住院、妈妈因为疾病不得不突然离开孩子，等等。

我试着用简短的语言来说明，教学就像好的医疗工作一样，也要以诊断为根基。为了清楚地阐述我的观点，我只选择了一种分类方法来进行说明。这不意味着就没有其他的、可能更重要的分类方式。当然，很多老师都讨论过基于年龄和性别的分类方法。基于精神病学的进一步分类也会有所帮助。把发育迟缓、心事重重的孩子和外向、心思让人一览无余的孩子放在一起来教育，多奇怪啊！对处于抑郁阶段的孩子和无忧无虑的孩子施加同样的教育，难道不是也很奇怪吗？用同样的一套方法来管理真正的兴奋与对抗抑郁情绪的一时欢快，同样也奇怪得很！

当然，教师们确实会凭直觉去调整自己和自己的教学方法，以适应他们遇到的各种不同学生和不断变化的情况。从某种意义上来说，这种分类和诊断的观念甚至已经过时了。然而，我还是在此提出建议，我们的教学应当像好的医疗工作一样，依托于正式的诊断。仅仅依靠个别特别有才能的老师对此的直观理解，对于整个教育行业来说是不够的。考虑到政府规划的不断扩展，这一点更显重要，因为政府规划总是会干涉个人的才能，让更多的理论和实践为人们所接受。

30
儿童的害羞与神经障碍

至少在当下，医生的责任是处理某一个病人——被带到医生这里来问诊的某个病人——的个体需求。因此，医生可能不是向教师传授经验的合适人选，因为教师在工作时无法只关注一个孩子。他们肯定常常想要精心照料某一个孩子，却因为害怕对整个群体造成不良影响而控制自己不这么做。

但这并不意味着老师没有兴趣去了解他所负责的孩子个人，当孩子害羞或者有某种恐惧症时，医生的建议可能让老师对孩子有更多的了解。哪怕医生不能给出直接的建议，但对孩子更深入的了解也会让老师减少焦虑，更好地管理这个孩子。

有一件事情，医生可能比老师做得更好——医生会尽可能详细地从父母那里了解孩子过往历史和当前状态，会试着把导致孩子来就医的症状和孩子的人格、孩子的内外部经历联系起来。老师并不总有时间或者机会来做这件事，但我还是觉得老师并不总会好好利用一些确实存在的诊断机会。老师通常会了解孩子的父母是什么样的，尤其是那些"很难对付"、过于吹毛求疵或者忽略孩子的父母；也可以了解到孩子们家庭成员的地位情况。但家庭的情况远不止于此。

即使不考虑孩子的内部发展，心爱的兄弟姐妹、姑姑阿姨或者祖父母去世，或者失去父母中的一方，这类事情往往会对孩子有着诸多影响。我或许会看到，一个孩子原本非常正常，直到他的哥哥被车轧死。自那天起，这个孩子就常常郁郁寡欢、四肢疼痛、失眠、讨厌上学、非常难与人交朋友。我可能会发现，没有人费力去找出这些现实或者去把它们关联起来。父母掌握着所有的情况，但他们自己同时也要处理自己的哀恸，因而意识不到孩子状态的变化与家庭成员的逝世之间的关联。

对病史了解得不充分，后果就是，老师和学校医生一起用一套错误的方法管理孩子，这只会让孩子感到困惑，而孩子渴求的是有人能帮助他理解发生了什么。

当然，孩子紧张和害羞的病因大都没有这么简单，通常情况下都没有明显的外部诱发因素，但老师应该要确保，如果有外部因素的话，就一定能找到它。

有一个非常简单的案例，令我印象深刻——一个聪明的12岁女孩，白天在学校会紧张，晚上会遗尿。似乎没人意识到，她是因为她最爱的弟弟逝去而哀伤。这个小弟弟患感染性发热后离家，一两周后他开始疼痛，后来证实是因为髋关节结核，他没有立刻回家。这个姐姐和家里其他成员对于男孩被安置在一个很好的结核医院都很高兴。随着时间流逝，男孩遭受了更大的痛苦，他最终死于全身性结核病。这是一种解脱，男孩的家人们都这么说。

可实际上，她虽没有表现出剧烈的哀伤，但哀伤就在那里，等待着被承认。我说了一句让她意想不到的话："你很喜欢他，是吗？"这让她一下子情绪失控、放声大哭起来。这之后，她在学校恢复了正常，晚上也不再遗尿了。

这样直接治愈的机会并不多，但这个案例阐明了，如果不知道怎样准确地收集病史，那老师和医生会多么无能为力。

有时，在经过大量调查之后，诊断才清晰起来。一个10岁的女孩身处一个很多学生都面临困扰的学校。我见到了她的老师，老师说："这个孩子胆小害羞，跟很多其他学生一样。我小时候也非常害羞，我理解这种感觉。我发现我可以管好班里这些害羞的孩子，因此他们在几周内就能不那么害羞了。但是这个孩子难倒我了：不管我做什么，她都没有改变——她既没有变好，也没有变差。"

这个孩子还接受了精神分析治疗，直到一个隐藏的疑点被揭露和分析出来（这是一种只有经过分析才会好转的严重的心理疾病）之后，她才慢慢开始不再害羞。老师正确地指出了这个孩子的害羞与其他表面上看起来跟她相似的孩子的区别。对于这个孩子来说，所有的善良都是陷阱，所有的好意都是有毒的苹果。在她生病的时候，她既无法习得安全感，也没办法感到安全，她还被恐惧驱使着去尽可能表现得与其他孩子一样，从而不会让人看出她需要帮助，因为她不希望得到或者接受这种帮助。当这个孩子接受了一年左右的治疗后，老师变得能够像管好其他孩子那样管好她。最终，这个女孩成了一个让学校自豪的学生。

许多过度紧张的孩子都有着被迫害的心理恐惧，而紧张只是表象。如果能把这些孩子跟其他孩子区分开来，就会对他们有所帮助。这样的孩子经常被迫害，他们基本上是在请别人霸凌他们——几乎可以说，他们时不时地就会在同伴中制造霸凌。他们不容易交朋友，但他们可能会与几个孩子形成联盟，来对抗共同的敌人。

这些孩子被带到分析师这里来的时候往往有着各种疼痛和食欲紊乱，但有趣的是，他们总是抱怨说老师打了他们。

幸运的是，我们知道他们抱怨的内容并不一定是真的。他们真正抱怨的是一个更加复杂的东西，通常它纯粹是孩子的一种妄想，有时是孩子微妙的谎报，但它始终是孩子遭受痛苦的信号，是一种更糟糕的无意识迫害的信号，其隐秘性让孩子感到更加恐惧。当然，也有坏老师，会恶毒地打学生，但我们所看到的对被迫害的恐惧很少源自于此。孩子的这种抱怨几乎都是一种迫害型心理疾病的症状。

　　许多孩子解决自己的迫害妄想的方式是持续地做一些不严重的坏事，从而创造出一个真的迫害他的老师，老师会不断地惩罚他。老师被逼着严格对待这样的孩子，而一个群体里有一个这样的孩子，就会使得老师对整个群体都采用严厉的管教方式，而这只对一个孩子是"有好处的"。有时，把这样的孩子交给一个毫无疑心的同事或许会有所帮助，这样就有可能对其他精神正常的学生采用正常的管理方式。

　　当然，我们也要记得，胆小和害羞也有其健康、正常的一面。在我的工作中，我可以通过正常害羞的缺失而识别出某些心理障碍。有的孩子会在我给其他病人做检查时待在旁边，还不认识我就直接来到我身边，爬到我的腿上。而更正常的孩子会感到害怕，他们会需要我使用一些技巧让他们感到安心，他们甚至会公开地说想要自己的爸爸，等等。

　　这种正常的紧张在两三岁的孩子身上最为明显。如果一个幼童不害怕伦敦的街道，甚至不害怕暴风雨，那他就是生病了。这样的孩子内心有着他害怕的东西，就像其他人内心有害怕的东西一样，但是他不敢让这些东西出来，不能让他的想象失去控制。父母和老师就会把逃避现实作为防卫这些虚幻怪诞的恐惧的主要方式，但他们有时会被孩子的外在表现所欺骗，认为这个不害怕"狗、医生和黑人"的孩子只是比较理智和勇敢。但实际上，孩子应该要感到恐惧，通过对外在的人、事的恐惧才能够释放他对内在坏东西的恐惧。渐渐地，这种现实的检验才能调节内在的恐惧。对任何人来说，这个过程都不可能彻底完成。简单地说，一个不会害怕的孩子，要么是在假装不害怕或在给自己壮胆，要么就是生病了。如果他真的生病了，充满了恐惧，那他或许可以安心，因为他既然可以在外界看到自己内在的邪恶的东西，就有能力在外界看到自己内在的美好的东西。

因此,害羞和胆小是需要结合孩子的年龄来进行诊断的。正常的孩子可以被教好,而生病的孩子只会白白浪费老师的时间和精力,基于此,能够对每个孩子身上的症状做出是正常或异常的判断,这是很重要的。我的观点是,如果可以恰当地了解孩子的病史,同时与对儿童情感发展机制的了解相结合,会对此有所帮助。

31
学校的性教育

我们不能简单地把孩子归为一类，并用同样的方式对待所有孩子。他们的需求会因为家庭影响的不同、孩子个性的不同以及孩子健康状况的不同而有所不同。但如果要简短地探讨性教育这一主题，一概而论的方式更加方便，而不是试图去考虑到个体化要求。

为了让孩子了解性，孩子需要同时拥有以下三样东西：

（1）他们需要可以向身边的人吐露秘密，这个人要是有着正常的建立人类关系能力的、可靠的人；

（2）他们除了需要其他的学科教育之外，还需要生物学上的指导——人们认为生物学是关于生命、成长、繁殖以及有机体与环境关系的真相（只要它被掌握）；

（3）他们需要持续稳定的情感环境，在这样的环境中，他们会以各自的方式发现自我之中性的觉醒以及它是如何改变、丰富、复杂化和开启人类关系的。

性的讲座则完全是另外一回事了——主讲人来到学校，发表一段演讲，然后就离开了。对于这些急于向孩子传授性知识的人，我们最好加以劝阻。再说，学校职工也不能容忍自己没做到的事情交给别人去做。比教授性知识更好的是，让孩子自己探索和发现性。

在寄宿学校中，已婚教职工的存在及其不断扩大的家庭会对孩子形成一种天然且有利的影响，这比很多讲座都更有激发性和指导性。而走读学校的孩子则可以接触到亲戚和邻居们的不断扩大的家庭。

讲座的问题在于，它们是在一个偶然的时间把这个困难的、与孩子密切相关的议题带到了孩子的生活中，而不是在孩子的需求发展到一定程度的时候。

讲座的另一个劣势在于，它们很少是真实和完整的。演讲者会有一些偏见，比如，女权主义者可能会认为，女性处于被动地位，男性处于主动地位。演讲者可能认为要跳过性游戏，直接发展到成熟的生殖器性交；还会因为对母爱的错误认知，而忽略掉其客观的困难，只讲述情感层面，等等。

关于这个话题，哪怕最好的演讲者也难免会讲得枯燥乏味，只有从内部亲身经历和体验性，才有可能收获无尽的财富。但只有在成熟的成年人所创造的环境中，健康的青少年才能在自己的内在发现身体和灵魂渴望，与另一个身体和灵魂合二为一。尽管有这些重要的因素要考量，我们也一定要给真正的专家留有空间，让他们可以对性功能及其知识进行专门的研究和呈现。邀请专家来给学校教职工演讲，并以有组织的方式与老师们讨论这个话题，这难道不是一种解决办法吗？这样的话，教职工就有了更加坚实的知识基础，从而可以在与孩子接触的过程中，自在地以自己的方式来行事。

自慰是性的副产品，对所有孩子都有重要意义。任何关于自慰的讲座都不可能完全涵盖这个话题，因为自慰是一件极私人和个体化的事情，只有跟朋友或密友的私下交流才有真正的价值。我们不应跟群体里所有的孩子说，自慰是无害的，因为可能对于群体里的一个孩子来说，自慰是有害的、强迫性的、非常麻烦的，实际上这也是心理疾病的表现。而对其他人来说，自慰可能是无害的，甚至一点也不麻烦，但如果有人给他们提到自慰并且暗示自慰可能是有害的，那反而让事情复杂化了。然而，孩子确实需要能有人谈谈所有这些事情，而那个让孩子绝对可以畅所欲言的人应该是妈妈。如果妈妈不能承担这件事，那必须有其他人可以跟孩子谈话，有必要的话，甚至可以安排一个心理访谈。课堂中的性教育课程则对此无济于事。此外，性教育还会吓走孩子心中对性诗意浪漫的认识，只剩下乏味的性功能和性器官。

我们应当在艺术课堂上指出，想法和天马行空的想象都伴随着相应的身体反应，而我们应当像对待那些观念一样对待这些身体反应，予以重视，并妥善地处理。

照顾青少年的人会遇到一个显而易见的难题。如果有些人说着允许孩子自己探索性，但无视一些女孩可能会惹上怀孕的麻烦，那这无论如何都是无益的。这个问题当然是一个切实存在的问题，我们一定要去面对，因为非婚生子女会面临不幸的处境，他们如果要达到标准、最终成为一个社会人的话，就有着比正常孩子更加艰巨的任务。事实上，除非他们很早就被收养，否则他们的成长道路上很难没有伤疤，甚至可能是非常丑陋的伤疤。每一个照顾青少年的人都要按照自己的看法来应对这个问题，但公众舆论应该考虑到，哪怕是最好的管教方式，也存在风险，也会有意外发生。在自由学校里，基本没有对性的禁令，非婚生子女数量却出奇的少；如果真的发生怀孕的情况，两个人当中往往至少有一个人是有心理问题的。比如，有个孩子无意识地恐惧性游戏，他逃离了性游戏而直接跳到了虚假的性成熟。很多孩子在婴儿时期和母亲没有足够好的母婴关系，他们在性关系中才第一次建立了人际关系，因此，这个性关系就对他们极其重要。尽管从旁观者的角度来看，他们的性关系看似成熟，却并不可靠，因为它不是从不成熟中逐渐发展而来的。如果这样的孩子在一个群体中占很大比例，那显然对性行为的监管就要更加严格，因为社会不能容纳高于一定数量的非婚生子女。从另一个方面来看，在青少年群体中，大多数人都基本是健康的。在这种情况下，我们不得不问，对他们的管教是要基于健康孩子的需要，还是基于社会对于少数几个反社会或者生病的孩子会发生的事情的恐惧？

成年人不愿承认孩子通常有很强的社会意识，同样，成年人也不愿承认孩子很早就有内疚感，所以父母常常给孩子灌输道德感，罔顾孩子本可以自然发展出的道德感，而这本可以成为一种稳定的亲社会力量。

正常的青少年不会想未婚生子，他们会采取措施，确保这不会发生。如果有机会，他们会在性游戏和性关系中成长，最终意识到生宝宝是整件事情的最终目的。这个过程需要几年的时间。但正常情况下，这种发展终会到来，然后人类社会的这些新成员就会开始思考结婚生子，并开始考虑组建家庭，让新生儿和孩子可以生活于其中。

性教育与这个自然发展几乎没有关系，这个发展是每个青少年男女会自己去进行的。一个成熟、不焦虑、不说教的环境会有极大的帮助，这样的环境几乎可以说是必要的。父母和老师需要能够容忍青少年可能对成人产生的对抗情绪，尤其是对那些在这个成长的关键期想要帮助他们的成人。

当父母不能给予孩子所需要的东西时，学校教职工或者学校本身常常能够很大程度上弥补这个不足，但这个弥补是通过以身作则，通过个人的正直行为和对学生真挚的关心，通过时刻在场和现场答疑解惑，而不是通过有组织的性教育。

对于年幼的孩子来说，生物学是一个不错的切入点，因为生物学是对自然本能的客观呈现，没有任何删减。大多数小孩子都喜欢养宠物，喜欢学习宠物相关的知识，也会搜集和理解花和昆虫的习性。在青春期之前的某个阶段，他们也会渐渐享受学习动物的习性，它们如何适应环境以及让环境来适应自己。在所有这一切中，也会包含物种的繁衍，以及交配和孕育的解剖学和生理学知识。孩子们所喜爱的生物老师不会忽略掉动物父母之间关系的动力性，以及在演化的不同时期，家庭生活是如何开展的。这样，孩子们不需要刻意把老师所教的东西应用于人类社会，因为这个关联非常明显。孩子更可能在经过自己的推敲之后，认为动物拥有人类的情感和幻想，而不是盲目地认为人类拥有所谓的动物本能。生物老师像其他任何学科的老师一样，需要能够引导学生走向客观、科学的道路，也能预料到这门学科对某些学生来说会非常痛苦。

对教师来说，生物课教学可能是最愉快、甚至最振奋人心的任务之一，这主要因为很多学生都重视这门介绍生命奥秘的课程。（当然，还有很多学生会通过历史、古典文学或宗教体验而明白生命的意义。）但把生物学应用在每个孩子的个人生活和情感中，这就完全是另一回事了。通过对微妙问题的微妙解答，整体与特例之间的联系才得以体现。毕竟，人类不是动物，他们比动物多了丰富的幻想、心灵、灵魂或内在世界的潜能，或者任何你能想到的东西。有些孩子经由身体感知到灵魂，有些孩子经由灵魂感知到身体。因此，我们要在照料和教育所有孩子时都铭记，要"主动适应"。

总结一下，我们应提供给孩子全面、坦诚的关于性的信息，但更多的是把它作为孩子与其熟识和信任的人的关系的一部分。教育不可以替代个人的探索和觉醒。真正的压抑其实是对教育的抗拒，一般而言，在心理治疗无效的情况下，处理这些压抑最好的办法就是通过朋友的理解。

32
去医院看望孩子[①]

每个孩子从出生开始就拥有自己的生命线,我们的工作就是确保这条生命线不会断裂。孩子的内在有一个持续性的发展过程,只有当孩子可以得到稳定的照料时,这个内在过程才能有稳定的进展。只要作为一个人的婴儿开始与他人建立关系,这些关系就会极具张力,一旦干扰这些关系,就会带来危险。关于这一点,我无须多言,因为妈妈天然地讨厌让孩子离开自己,直到孩子做好了离开的准备。如果孩子不得不离开家,妈妈当然会想要去看望孩子。

当下有一股去医院看望孩子的热潮。这种热潮的麻烦在于,它可能会让人忽略真正的难题,最终产生不良的影响。唯一理性的做法是让人们理解去看望和不去看望的原因。从护理的角度来看,确实存在一些非常重大的难题。

护士长究竟为什么选择做这个工作呢?或许一开始,护理工作只是她谋生的方式;但最终,她全身心地投入护士这份工作中,爱

---

① 在过去十年里,医院的管理方式发生了很大变化。很多医院可以让父母自由探望孩子,必要时医院还会允许父母跟孩子一起住院。这样的结果基本上对孩子、对父母都是好的,甚至在多数情况下对医院的工作人员也是有益的。但我原样保留了1951年写出的本章的内容,因为绝不是所有的医院都发生了这样的改变,也因为现代的方法难免会有难以处理的地方,这些难题需要被大家看到。

上了这份工作,尽心尽力地学习那些非常复杂的技巧,最终她成了一名护士长。作为一名护士长,她工作时间很长,而且会一直如此,因为永远不会有足够好的护士,这项工作很难分摊出去。护士长对二三十个不是自己孩子的孩子有着绝对责任。其中很多孩子患有严重的疾病,需要经验丰富的人来照料。她要负责对孩子的一切照料工作,甚至在她不在场时,也要对经验尚浅的护士所做的事情负责。她变得十分热衷于让孩子好转起来,这可能意味着要严格遵守医生的明确规定。除了这一切,她还必须要跟医生和医学生打交道,他们也是人类。

当没有人探望孩子的时候,护士长就承担起照料孩子的责任,这会激发她内在最好的东西。她常常更愿意上班而不是休息,因为她会一直想着她的病房里是不是发生了些什么事情。一些孩子会变得非常依赖她,不能忍受她不说再见就下班。他们还会想确切地知道她什么时候回来上班。这一切会激发出人性中最好的一面。

我们现在可以去医院探望了,这会怎样呢?这立刻就让事情出现了变化,或者就算不是立刻,迟早也会带来不同。从此之后,这个孩子就不完全是护士长的责任了。这可能会带来出人意料的好处,护士长可能会很乐意与人分担这个责任;但如果她很忙,尤其是如果她的病房里有几个特别难对付的孩子和特别难对付的探视妈妈,那自己去承担所有的责任就比与人分担要简单得多。

如果我告诉你一些探视期间发生的事情,你可能会大跌眼镜。孩子常常会在父母离开后有身体不适,他们的不适说明了很多问题。或许孩子在探视之后出现身体不适也没什么大不了的,但它也可能说明家长给孩子吃了冰激凌或者胡萝卜,或者给需要节食的孩子吃了甜食,而这会完全打乱医生对他现状的判断,影响对他的后续治疗。

事实是,护士长在家长探视时间里不得不放弃对局势的控制,我认为她有时真的不知道那段时间里发生了些什么，而这种情况是没办法避免的。除了不注意饮食，父母探视还会带来感染的风险。

某个医院一个很优秀的护士长曾经跟我讲过另一个难题，因为现在医院允许妈妈每天去探望孩子，妈妈会以为孩子在医院里总是哭，这当然绝不是真实情况。如果你去探望孩子，那你就会给孩子造成痛苦，因为你的每次探望都会让孩子唤起对你的记忆。你会让孩子重新记起想要回家的愿望，因此你走的时候孩子必然会哭。但我们认为这种痛苦给孩子带来的伤害，要比冷漠对孩子的伤害要小得多。如果你离开孩子的时间久到孩子把你忘了，孩子会在一两天以后恢复，不再觉得痛苦，也会开始接受护士和其他孩子，发展出新的生活。在这种情况下，你被孩子遗忘了，之后孩子就要再用些时间才能记得你。

如果妈妈愿意进去看孩子几分钟就离开，那情况就不会那么糟；但妈妈当然不想这样。正如大家可以预见的那样，医院允许她们待多久，她们就会待多久。她们会带来各种各样的礼物，尤其是食物，她们还要求孩子有情感回应；然后她们会在要走的时候花很长时间跟孩子告别，站在病房门口跟孩子挥手再见，一直到孩子已经因为跟她们说再见而筋疲力尽。妈妈还常常会在离开时去找护士长，跟她说孩子穿得不够暖或者晚饭吃得不够多之类的。只有少数妈妈会抓住离开时这个恰当的契机，感谢护士长所做的一切。你会非常难以承认，有人会把你的宝宝照顾得比你自己照顾得还好。

所以如果有人在父母离开后问护士长："护士长，如果你是一个独裁者，你会对父母探望这个制度做些什么呢？"她很可能会说："我会废除这项规定。"但在情况更好的时候，她还是很可能会认同父母探视是一件应当的事情，也是一件好事。如果医生和护士能够忍受父母的探视，如果父母可以在这期间配合医院的工作，那医生和护士就会明白这件事是值得的。

实际上，我认为任何打乱孩子生活的事情都是有害的。妈妈知道这一点，因此她们拥护允许她们每天探望孩子的规定，这让她们可以在孩子不幸需要住院时，也能有机会跟孩子接触。

在我看来，当孩子感到不舒服时，似乎整个事情都简单很多，所有人都知道该怎么做。这种时候，跟孩子讲话时的语言似乎是那么无力，而且孩子感到不适时，跟他们说很多话也没有必要。孩子只觉得有人会做出某些安排，让他情况好转起来，如果这些安排包含住院，那孩子也会接受，哪怕是含着泪接受。但当一个孩子在没有任何不适感觉的情况下被送进医院时，情况就完全不同了。我记得有一个孩子正在大街上玩，她没感觉到有任何不适，但突然救护车来了，把她送到了医院，因为医院前一天（通过喉咙检查）发现她是白喉带菌者。你可以想象，这对那个孩子来说有多么糟糕，她甚至没能回家跟家人告别。当我们无法解释自己的行为意图时，我们必然会丧失一定的信念。事实上，我刚刚提到的这个孩子从未从那次经历中恢复过来。或许，如果当时允许父母探视的话，结局会更好一些。在我看来，父母应该可以探视这样一个孩子，即使不为别的，也至少可以在她最为愤怒时让她把怒气发泄出来。

我前文说过，需要住院是不幸的，但如果顺利的话，结果也可能相反。当你的孩子足够大时，一次住院的经历或者是一次去姑姑或阿姨家住的经历，可能会非常有意义，这可以让孩子从外部来看家庭。我记得一个12岁的小男孩，在住了一个月的疗养院之后跟我说："你知道吗，我并不觉得我是妈妈的宝贝。虽然她总是给我我想要的一切，但不知为何，我觉得她并不真的爱我。"他其实说得很对。他的妈妈虽然很努力地对孩子好，但她有自己的难题，这让她不能很好地照顾自己的孩子，而这个男孩能够从远处来审视自己的妈妈，这是一件非常健康的事情。等他回家时，他就准备以一种新的方式来应对家里的情况了。

一些父母由于自身的难题而不能成为理想的父母，这对去医院探望孩子有什么影响呢？如果父母在探望孩子时在孩子面前争吵，那自然让孩子感到痛苦，而且孩子在之后也会为此担忧。这样的事情会严重影响孩子身体的恢复。还有一些父母就是不能遵守承诺，他们答应了会来，或者会给孩子带来某个特别的玩具或者某本特别的书，但他们没有。当然还有那种父母，尽管会给孩子送礼物、做衣服、做各种各样的事情，当然这些事情很重要，但他们就是不懂得在恰当的时候拥抱孩子。这样的父母可能会觉得，在孩子住院这种艰难的时候更容易爱孩子。他们来得很早，尽可能地在医院多待一会儿，不断地给孩子带来礼物。他们离开之后，孩子几乎要窒息了。大约在圣诞节的时候，有一个小女孩就曾恳求我："把这些礼物都从我的床上拿走吧！"这种间接的爱的表达与她自己的情绪根本无关，这些表达几乎压得她喘不过气来。

在我看来，如果父母过于专横、不可靠、易激动，孩子在父母不来探望的情况下住院一段时间，这对孩子来说会是很好的放松机会。病房的护士长就照顾着这样的一些孩子，我们能从她的看法中明白这一点，她有时会觉得所有孩子的父母都最好别来探望他们。她照顾的孩子当中，也有一些孩子的父母离医院很远，不方便来探望，还有最为困难的情形是，有一些孩子根本就没有父母。很自然地，探视时间会不利于护士长对这些孩子的照顾，他们会因为对人类信念的不足而对护士长和护士有着特别的要求。对于没有好家庭的孩子来说，住院的经历可能让他们第一次拥有好的体验。其中一些孩子可能非常不信任他人，以至于他们都不会感到悲伤；他们一定要与出现的任何人做朋友，当他们自己待着的时候，他们前后摇晃，或者用头撞枕头或床边。你没有理由因为这些没有父母探视的孩子就让自己的孩子受苦，但同时你也应当知道，其他孩子父母的探视会增加护士长照顾这些不幸孩子的难度。

如果一切顺利的话，孩子住院带来的最大的影响很可能是孩子此后会有一个新的游戏。他们之前有"爸爸和妈妈"的游戏，当然也会有"学校"的游戏，现在又有了"医生和护士"的游戏。他们的"患者"有时是婴儿，有时是洋娃娃、狗或猫。

我主要想表达的是，家长经常性探望孩子这一政策的采纳，对医院而言是一个重大的进步。事实上，早该实行这一改革了。我欢迎这一新的趋势，它会减少孩子们的痛苦，而且对于两三岁的孩子来说，住院的经历可以轻易对他产生极大的影响，可能是好的影响，也可能是极为不好的影响。我认为去医院探望是如此重要，所以我着重论述了其中会有的困难，这些困难都是切实存在的。

现在当我们走进儿童病房时，我们会看到自己的孩子站在婴儿床上，渴望找到一个说话的人，我们很可能会听到这样的话："我妈妈来看我啦！"这种自豪的炫耀是一种新的现象。曾经有一个3岁的小男孩，他在病房里一直哭，护士很努力地想办法让他开心起来，可拥抱没有用，他不想要拥抱。最终，她们发现必须在孩子的床边放一把椅子，这样他才会开心起来。这个举动让他得以平静下来，过了好一会儿他才解释说："这是爸爸明天来看我时坐的地方。"

所以你看，在探视这件事上，一定不只是预防伤害这么简单。如果父母不仅了解这些益处，也能试着理解其中的困难，那医生和护士们也就能支持这种探望了，哪怕他们知道这种探望会影响他们尽心所做的医护工作的质量，因为他们也知道，这种探望对孩子是有益的。

33
关于青少年犯罪

青少年犯罪是一个庞大而复杂的议题，但我会试着简单地讲讲关于反社会倾向的孩子的情况，以及青少年犯罪与家庭生活被剥夺之间的关系。

大家知道，如果我们调查少年罪犯教养院的几个学生，对他们的诊断可能涵盖从正常（或健康）到精神分裂的各种类型，但所有的青少年犯都有共同之处。这个共同之处是什么呢？

在一个正常的家庭里，男人和女人、丈夫和妻子共同承担养育孩子的责任。每个孩子出生后，妈妈会（在爸爸的支持下）照顾他、研究他的个性、应对他身上的难题，因为它影响着家庭这一社会最小单元。

正常的孩子是什么样的呢？他是不是就乖乖地吃饭、长大，甜甜地微笑？不，不是这样。一个正常的孩子如果相信自己的父母，那他就会使出浑身解数。他会不断尝试自己的各种威力：破坏、毁灭、恐吓、消耗、哄骗、盗用。任何会让人上法庭（还有精神病院）的事情在婴儿时期或者童年早期孩子与家庭的关系中，都有其对应的正常版本。如果家庭可以经得住孩子所做的一切破坏性的事情，孩子就可以安定下来，专心玩耍了。但要先谈正事，孩子一定会进行种种试探，如果孩子对父母关系和家庭（我所指的可远远不只是一所房子）结构的稳定性有疑虑的话，就更是如此。如果孩子想要感觉自在，要能够玩耍、绘画，做一个不负责任的孩子，那他就首先要意识到一种"框架"。

为什么会这样呢？事实上，情感发展的早期阶段充满了冲突和干扰。孩子还没有牢固地建立起对外在现实的认知；孩子的个性也还没有很好地整合；原始的爱有着破坏性的目的，而小孩子还没能学会容忍和应对本能。如果他身边的环境是稳定、个体化的，那他就能学会处理这些事情，甚至处理得很好。如果要让孩子不害怕自己的念头和想象，从而取得情感发展的进展的话，在一开始，他绝对需要生活在一个有爱和力量（因而能包容他）的环境中。

如果孩子还没有将这种稳定的框架内化为自己天性的一部分，家庭就已经让他失望了，那会怎样呢？人们通常会认为，这个孩子会觉得自己是"自由的"，继续自得其乐。这与真实情况相去甚远。当孩子发现自己的人生框架破碎时，他不再感到自由。他会变得焦虑，如果他还有希望，他会继续在家庭以外的地方寻找框架。如果家庭没能给孩子提供安全感，孩子会在家庭以外的地方来寻找支撑；他还有希望，他会转向祖父母、叔叔阿姨、朋友、学校去寻求帮助。他会从外界去寻求一种稳定感，没有这种稳定感，他会疯掉。如果孩子能够在恰当的时间得到这种稳定感，那它就会像骨骼一样融入孩子的身体，让孩子可以随着时间的流逝逐步从依赖他人和需要他人的照顾转向独立。孩子常常可以从亲戚和学校中得到他在家庭中缺失的东西。

反社会倾向的孩子只不过是在更远一点的地方寻找这种稳定感。他转向了社会而不是自己的家庭和学校，希望社会能够向他提供一种稳定感，帮助他度过生命早期这一对于情感发展非常重要的阶段。

这样说吧。当一个孩子偷方糖时，他其实是在寻找自己的好妈妈，他有权获取她所有的甜美。事实上，这种甜美是他的，因为他通过自己的爱的能力和最初的创造性而创造出了妈妈和她的甜美，不管这种创造性是什么。有人可能会说，他也在寻找爸爸，在他因原始的爱而攻击妈妈时，爸爸会保护妈妈。当孩子在家庭之外的地方偷窃时，他仍然是在寻找妈妈，但他是带着更多的挫败感在寻找，也更加需要同时找到父性权威，这种权威有能力限制他，且一定会去限制他，限制他的冲动行为所造成的实际影响，也限制他在兴奋状态下将自己的想法见诸行动的行为。彻头彻尾的青少年犯罪对观察者来说是很难理解的，因为我们所见到的是这个孩子迫切需要一个严厉的爸爸，这个严厉爸爸会在孩子找到妈妈时保护妈妈。孩子所唤起的这个严厉的爸爸或许也是慈爱的，但他必须首先是严厉且强大的。只有当明确出现这样一个严厉又强大的父亲形象时，孩子才能重获原始的爱的冲动、内疚感和想要修复的愿望。除非这个青少年犯陷入了麻烦，否则他的爱只会逐步更加受到压抑，从而导致他更加抑郁和去个性化，最终除了在暴力中感受真实之外，根本无法感知现实。

犯罪行为表明还有一线希望。当孩子表现出反社会倾向时，他并不一定是生病了，反社会行为有时只是表明孩子在求救，他希望有强大、慈爱、自己信任的人可以来控制自己。但从某种程度上来说，大多数青少年犯都生病了。很多情况下，这些孩子没有在足够早的时候获得安全感，因而无法将其整合进自己的信念中。我们用"生病"一词来描述他们的状况，其实是贴切的。尽管一个反社会倾向的孩子在强力管教之下可能看似正常，但一旦给他自由，他就会很快感受到自己要疯了。因此，他会出现反社会行为（不知道自己究竟是在干什么），从而从外部重建对自我的控制。

在生命的早期阶段，正常的孩子会在家庭的帮助之下发展出控制自我的能力。他会发展出某种叫作"内在环境"的东西，有着寻找好的周围环境的倾向。反社会倾向的患病孩子则没有机会发展出这种好的"内在环境",如果他想要哪怕一点的幸福,想要能够游戏或工作,那他就绝对需要外在的控制。在正常孩子和反社会倾向的患病孩子这两个极端之间还有一些孩子,如果他们所爱的人能够在几年时间内持续地给他们控制的体验,那他们还能获得对稳定感的信念。一个六七岁的孩子比10岁或11岁的孩子更有机会得到这种帮助。

在战争期间,我们大多有这样的经验:那些家庭破碎的孩子,那些撤离的孩子,尤其是那些无家可归的孩子,最终都在收容所得到了稳定的环境。在战争年代,有反社会倾向的孩子被认为是生病了。收容所取代了为适应不良的孩子所设的特殊学校,为社会做着预防性工作。它们更容易将行为不良当成一种疾病,因为其中多数孩子没有被送上过青少年法庭。这样的地方会把行为不良当成疾病来治疗,这里当然也就成了进行研究和获得经验的地方。我们都知道一些青少年罪犯教养院的工作做得很出色,但事实是,这些学校里的多数孩子已经被法庭定罪,这就给研究工作造成了困难。

在这些收容所(有时被称为适应不良儿童的教养院)里,那些把反社会行为当成患病孩子的求救信号的人,他们有机会发挥自己的作用,进而从中学习。战争期间,卫生部下属的每一个或每一组收容所都有一个管理委员会,而我所联络的那组收容所的平民委员会真正地关切收容所的细节工作,并对其负责。当然,很多法官会被选举进入这样的委员会,从而实际接触对这些尚未来到青少年法庭的孩子的管理。只是探视青少年罪犯教养院或者收容所,或者听人们谈论青少年罪犯,这是不够的。唯一有价值的方式是承担起一些责任(哪怕是间接的),为那些照顾和管理有反社会行为倾向的孩子的人们,明智地提供支持。

在为那些所谓适应不良的孩子设立的学校中,工作人员带着治疗性的目标去开展工作，而这会产生极大的影响：失败的话，孩子最终还是会来到法庭；而一旦成功，孩子就会成为守法公民。

现在，我们回到被剥夺了家庭生活的孩子这一主题。除了被忽略（在这种情况下，他们会成为青少年罪犯，被带上法庭），还有两种方式可以处理他们的问题：一种是为他们提供个人心理治疗，另一种就是为他们提供一种有个人化的照顾和爱的强力稳定的环境，然后逐步增加其自由度。事实上，如果没有后者，前者（个人心理治疗）也不太可能成功。没有一个恰当的家庭替代品，心理治疗可能会变得不必要，而这种不必要是值得庆幸的，因为他们基本上从来就没法得到心理治疗。保守估计，在很多情况下，人们所急切需要的个人治疗，要等待几年后才能找到受到恰当训练的精神分析师。

个人心理治疗的目的在于让孩子完成其情感发展。这意味着很多东西，包括建立起感知外在和内在现实事物的真实性的能力以及实现个人人格的整合。全面的情感发展不仅仅包含这些。在这些原初的事情达成之后，随之而来的是开始感受到担忧和内疚，以及想要修复的早期冲动。在家庭本身中，还有最初的三角关系情形，以及所有属于家庭生活的复杂的人际关系。

如果这一切都顺利，孩子能够管理自己，也能处理自己和成人、其他孩子的关系了，他仍然得开始应对其他难题，比如抑郁的妈妈、不时躁狂发作的爸爸、残忍的哥哥、发脾气的姐姐。我们越是思考这些东西，越是能够理解为什么婴幼儿绝对需要自己的家庭作为自己的生活背景，如果可能的话，还需要稳定的物理环境。从这些思考中，我们也能明白，被剥夺了家庭生活的孩子，要么需要在还很小的时候就有个人的、稳定的东西，这样他们还能从某种程度上运用这些东西，要么他们就会在年纪更大的时候逼迫我们通过教养院的方式来提供这种稳定性，或者万不得已，最终走入监狱的高墙之中。

我以这种方式回到了"抱持"这个理念以及满足依赖的观点。与其被迫抱持一个生病的、有反社会倾向的孩子或成人,不如在一开始好好抱持一个婴儿,这样会好得多。

34
攻击性的根源

读者应该已经从本书中四处散落的线索了解到，婴儿和儿童会尖叫、撕咬、踢打，还会撕扯妈妈的头发，有着攻击性或破坏性或其他令人不快的冲动。

这些破坏性行为可能需要照料者来处理并且肯定需要被理解，因此使得照顾孩子这件事情变得错综复杂。我想，如果对攻击性的根源做出一个理论的论述，会有助于照料者们理解这些日常发生的事件。不过，我的读者，也就是照顾孩子的人们，都没有心理学背景，我如何才能将这个庞大且复杂的主题陈述清楚呢？

简而言之，攻击性有两层含义：一层是对挫折直接或间接的反应，另一层是它是个体能量的两大主要来源之一。进一步思考这一简单论述时，就会产生极为复杂的问题。因此，我在此只对主要内容进行阐述。

我想大家都认同，我们不能只谈论孩子在生活中表现出的攻击性，这个主题所涵盖的内容要更加宽广。无论如何，我们一直在照顾一个发展中的孩子，我们最关切的是孩子从一个状态发展为另一个状态的过程。

有时攻击性以一种直观的方式出现又消失，又或者需要别人看到从而可以做一些什么来避免它带来的伤害。但攻击性冲动通常不会公开表现出来，而是以一种相反的方式出现。我们来看看攻击性是如何以各种相反的方式出现的，这或许会有所帮助。

但我首先一定要做出一个概括性的论述。我们可以合理地假设，所有个体从根本上来说是相似的，即便考虑到那些让我们成为自己并区别于他人的遗传性因素，也是如此。我的意思是，在所有婴儿、儿童和任何年龄的人身上，都能找到一些人类本性的共同特征。对人类从最早的婴儿到独立成人的发展过程的详尽论述适用于任何人，无论其性别、种族、肤色、信仰或社会背景如何。人类可能长相不同，却有着共同之处。一个婴儿会表现出攻击性，而另一个婴儿则可能从一开始就几乎没有表现出任何攻击性，但他们有着同样的问题。他们只是在以不同的方式来应对自己的攻击性冲动。

如果我们努力去追溯个体攻击性的起源，那我们会发现婴儿活动这一事实。婴儿活动甚至在婴儿出生前就开始了——胎儿不仅会在妈妈腹中扭动身体，还会突然活动，让妈妈感受到胎动。婴儿身体的一部分活动了一下，而活动就会碰到一些东西。观察者可能会称之为"打"或者"踢"，但这样的说法并不完全准确，因为婴儿（尚未出生或刚刚出生）还没有成为一个人，他的行动还没有一个确切的原因。

因此，每个婴儿都有这样的倾向，即活动并从中获得肌肉快感，他们因为这种活动和碰到某些东西的经历而受益。通过深入探究这一特征，我们就可以总结出婴儿的一种发展：从单纯的活动到表达愤怒的行动，或者代表着愤怒以及控制愤怒的行动。我们可以继续说明，单纯的击打如何发展成了会造成伤害的击打，同时我们也会发现婴儿对既爱又恨的客体的保护。此外，我们还可以追踪一个孩子的破坏性观念和冲动，看其如何变成一种行为模式。对于健康发展的孩子来说，这些行为模式表现为意识和无意识的破坏性观念，这些观念也会在孩子的梦境和游戏中出现，而且孩子会对身边环境中值得破坏的东西表现出攻击性。

我们可以看到，这些早期的婴儿击打行为会让婴儿发现自我之外的世界，并开始与外在客体建立关系。因此，那些很快变成攻击性行为的东西，在一开始只是一种简单的冲动，而这种冲动是婴儿的肢体活动和探索的开端。攻击性总是以这种方式与建立起清晰的自我与非自我的界线联系在一起。

希望我已经讲清楚，所有的人类个体都是相似的，尽管每个人都有着本质的区别。那么接下来，我就可以讲一讲攻击性的诸多对立面。

例如，胆大的孩子与胆小的孩子之间形成了鲜明对比。胆大的孩子倾向于直接表达攻击性和敌意，并从中获得释放；而胆小的孩子则倾向于不在自我而在外界发现这种攻击性，并害怕这种攻击性，或者一直提心吊胆地担心外部世界会攻击自己。第一种孩子是幸运的，因为他发现了攻击性是有限的，被表达出来后其实会消失，而第二种孩子则永远也无法到达一个满意的终点，他会一直预期有麻烦出现。在某些情况下，麻烦就在那里。

有些孩子绝对会在他人的攻击行为中看到自己的受控的（被压抑的）攻击性。这会以一种不健康的方式发展下去，因为他人实际的攻击性迫害可能会不够用，所以孩子不得不通过幻想来弥补这个不足。因此，我们会发现一些孩子总在期待被迫害，还可能因为想象中的攻击采取自卫行为，从而变得有攻击性。这是生病的表现，但这种模式几乎在每个孩子身上都出现过。

再来看看另一种对立的表现，我们可以比较一下那些很容易表现攻击性的孩子和那些将攻击性保持在"内部"的孩子。后一种因为被保持在内部，这种攻击性会变得强烈、过度压抑和严重，随之而来的当然是所有的冲动都受到某种程度的抑制，同时，创造性也会受到抑制，因为创造性与婴幼儿时期的无忧无虑和随心生活息息相关。对于将攻击性保持在"内部"的孩子，虽然他们失去了一些内在自由，但我们也可以说他们萌发了自我控制的概念，与之相伴的是考虑他人的想法和保护世界不受自己残忍的伤害。因为健康的孩子会发展出为他人考虑，以及认同外在的客体和人的能力。

过度自我控制会产生的问题之一是，一个乖巧得甚至不会伤害一只苍蝇的孩子，可能会出现周期性的攻击性感受和行为的爆发，比如大发脾气，或者残暴的行为。这样的爆发对任何人都没有好处，尤其是对这个孩子来说，他事后甚至可能不记得发生了什么。对此，父母能做的就只是想办法度过这个艰难的发作期，并寄希望于孩子会随着自身的成长而发展出更有意义的攻击性表达方式。

攻击性行为更为成熟的替代品之一是孩子的梦境。通过做梦，孩子在幻想中体验毁灭和杀戮，这种梦境与任何程度的身体的兴奋相关，是一种真实的体验，而不仅仅是一种智力练习。能够做梦的孩子会逐渐能够进行各种游戏，无论是独自一人还是与其他孩子一起。如果梦境中包含了太多攻击性或者涉及对神圣客体的巨大威胁，或者造成了极大的混乱，那么孩子就会尖叫着醒来。此时妈妈会起到作用，她会陪在孩子身边并把孩子从噩梦中唤醒，从而让外在现实能够再次起到安抚的作用。这个醒来的过程可能要近半个小时，但这个噩梦不可思议地成了一次满足的体验。

在此，我必须对做梦和白日梦进行一个明确的区分。我所说的做梦并不包括清醒时的一系列幻想。做梦与白日梦相比，其本质区别在于做梦的人是睡着的状态，是可以被唤醒的。梦境可能会被遗忘，但它的确出现过，这一点意义重大。（也有孩子做的梦相当真实，与现实难以区分，但那是另外一回事了。）

我曾说过游戏，它借助于幻想和可能梦到的所有东西，以及更深层，乃至最深层的无意识。我们很容易可以看到，儿童对"象征"的接受在其健康发展中起到多么重要的作用。孩子接受了一个东西

"代表着"另一个东西,从而得以从丑陋残酷、难以应对的真相和冲突中解脱。

当一个孩子满怀柔情地爱着妈妈的同时,也想要"吃掉"妈妈,这会让他难以应对;或者当一个孩子同时既爱又恨自己的爸爸,又无法将爱或者恨置换到一个叔叔身上时,这也让他难以应对;或者当一个孩子想要摆脱家里新的孩子,又不能通过丢掉一个玩具来很好地表达这种情感时,这也让他难以应对。许多孩子会出现这样的情况,他们要经受很多痛苦。

但正常情况下,孩子很早就开始接受象征。这种接受给了孩子自由活动的空间。比如,当孩子很早就将一些特殊物品作为自己拥抱的对象时,这些物品既代表了他们自己,也代表了母亲。那么它就象征着结合,就像是一个吮吸拇指的人的拇指。这个象征物自身也可能会被孩子攻击,也会得到孩子的珍视,而且孩子对这个象征物的珍视超出了后来的任何所有物。

游戏本身也是建立在接受象征的基础之上的,它有无限的可能性。它可以让孩子体验到其内在心理现实的一切,而这个内在心理现实则是孩子不断成长的身份认同感的基础,其中有爱,也有攻击性。

儿童个体在不断成熟时,会出现另一种替代攻击性的东西,这是一个非常重要的东西。它就是建设性。我曾试图描述过一种复杂的机制,即孩子在良好的环境条件下会有建设性的冲动,这种冲动源于孩子逐步接受自己天性中破坏性一面所带来的责任。一个孩子开始并保持建设性游戏,这是孩子健康的重要标志。这种建设性是没办法被灌输的,就如同信任不能被灌输一样。只有父母或扮演父母角色的人为孩子提供生活环境,孩子在其中积累生活体验,才会发展出建设性。

我们可以通过收回孩子为亲近的人做事情、"有所贡献"或参与满足家庭的需求的机会，来测试攻击性和建设性的这种关系。这里我所说的"有所贡献"是指为了开心或者为了像某个人而做某些事情，但同时发现这些事情也是可以让妈妈开心或者家庭运转的事情。它就像是"找到了自己的定位"。一个孩子通过"假装"照顾宝宝、整理床铺、用吸尘器或者做糕点来参与家庭事务，这种参与带来满足的一个前提是有人严肃对待这种假装。如果这种假装被人嘲笑了，那它就成了单纯的模仿，而这个孩子则会实在地体验到一种无能感、无用感。此时，孩子的攻击性或者破坏性很可能会直接爆发出来。

除了试验，这样的事情在日常情境下也会发生，因为没有人了解孩子需要给予，甚至相较于获得，更需要给予。

健康婴儿的活动的特征就包括自然的肢体运动并且会偶然撞到什么东西，婴儿会逐渐开始运用这些活动，还有尖叫、流口水、排尿、排便等，来服务于自己，表达愤怒、恨和复仇。孩子会同时既爱又恨一个人，并接受这种矛盾。攻击性与爱相结合的最有力的例子之一是"咬"，这一点在婴儿五个月以后开始有意义。最终，婴儿会沉浸于享受吃各种食物。但最初，让宝宝产生咬东西的兴奋和念头的是那个好的客体，即妈妈的身体。因此，宝宝接受食物成为妈妈身体的象征，或者是爸爸身体或任何宝宝所爱的人的身体的象征。

这一切都很复杂，孩子需要大量的时间来熟悉和控制这些攻击性念头和兴奋，同时又不丧失在恰当时刻展现出攻击性的能力，不管是在爱还是恨的时候。

奥斯卡·王尔德（Oscar Wilde）曾说过："人人都杀心爱之人。"我们每天都会被提醒，爱一定会带来伤害。在照顾孩子的过程中，我们会看到孩子会爱那个他们伤害的东西。伤害是孩子生活的一部分，问题是：你的孩子会如何找到一种方式去把这些攻击性力量用于生活、爱、游戏，并最终用于工作？

这还不是全部。还有一个问题：这个攻击性的源点在哪里？我们已经看到，在新生儿发展的过程中，有最初的自然的身体活动，有尖叫，这些或许是愉悦的，但它们并不形成一个明显的攻击性意图，因为婴儿还没有完全发展成一个人。但我们想要知道，婴儿毁灭世界的想法是如何形成的，它可能发生在很早的时候。这一点至关重要，因为这个婴儿期"未引爆"的破坏性的残留物可能会真的毁灭这个我们生存、热爱的世界。在婴儿的幻想中，一次闭眼就可以毁灭这个世界，一次新的注视或者一个新阶段的需求就可以重新创造这个世界。毒药和爆炸性武器则给婴儿的幻想提供了一种截然相反的现实。

绝大多数婴儿都在生命最早阶段受到了足够好的照顾，因此实现了某种程度的人格整合，不可能有彻底、无情、毁灭性的大爆发。为了预防这种爆发，我们最重要的是要认识到父母在家庭生活中对孩子的成熟化过程所起到的促进作用，我们尤其要学会评估妈妈在最初阶段所起到的作用。在这个阶段，婴儿与妈妈的关系从纯粹的身体上的关系转变为另外一种关系，在这种关系中，婴儿可以感知到妈妈的态度，纯粹的身体的关系因为情感因素而更加丰富和复杂。

但问题依然没有得到解决：这种存在于人类天性中的力量，这种存在于破坏性活动或自我控制的痛苦背后的力量，其起源在哪里呢？这一切的起源是幻想的毁灭性。在婴儿发展的早期阶段，这对他们是正常的，并且与幻想的创造性并肩而行。原初或幻想的毁灭性，是指（对婴儿来说）任何客体都会从"我的"一部分逐渐变为"非我"的一部分，从主观性现象变成被客观感知到的东西。通常情况下，这样的变化随着婴儿的逐步发展以一种微妙的方式渐进地发生，但对于缺少妈妈照顾的婴儿，这些变化是突然地、以一种婴儿无法预测的方式发生的。

通过以一种体察入微的方式带领每个婴儿度过这一关键阶段，妈妈就给了婴儿充足的时间，让他习得各种方法，来应对这个阶段给婴儿所带来的震惊。这种震惊源自婴儿意识到有一个自己的幻想所不能掌控的世界。如果婴儿的成熟化过程可以有足够的时间，那他就可以变得能够展现破坏性，能够恨，能够踢打、尖叫，而不是在幻想中毁灭这个世界。这样，实际的攻击性就被看作是一种成就。因为当我们考虑到婴儿的整个情感发展过程，尤其是最早期阶段时，与幻想中的毁灭相比，攻击性的念头和行为有着积极的价值，而恨则变成了一种文明的象征。

在本书中，我已经尝试描述了这些微妙的阶段，如果婴儿在这些阶段中有足够好的母亲照料和足够好的亲子关系，那多数婴儿都能够健康成长，并且能把幻想中的控制和毁灭放到一边，而去享受其内在本就存在的攻击性。这种攻击性与满足感、所有的亲密关系以及内在人格的丰富性共同构成了童年期的生活。

图书在版编目（CIP）数据

妈妈的心灵课：孩子、家庭和大千世界/（英）唐纳德·温尼科特(Donald W. Winnicott)著；王艳如译. -- 南京：江苏凤凰文艺出版社，2023.8
 ISBN 978-7-5594-7873-3

Ⅰ.①妈… Ⅱ.①唐…②王… Ⅲ.①儿童心理学②儿童教育-家庭教育 Ⅳ.① B844.1 ② G782

中国国家版本馆 CIP 数据核字 (2023) 第 130860 号

妈妈的心灵课：孩子、家庭和大千世界

［英］唐纳德·温尼科特 (Donald W. Winnicott) 著
　　王艳如　译

责任编辑　曹　波
特约编辑　姚同香
装帧设计　@蔡炎斌
责任印制　刘　巍
出版发行　江苏凤凰文艺出版社
　　　　　南京市中央路 165 号，邮编：210009
网　　址　http://www.jswenyi.com
印　　刷　北京永顺兴望印刷厂
开　　本　880 毫米 × 1230 毫米 1/32
印　　张　7
字　　数　180 千字
版　　次　2023 年 8 月第 1 版
印　　次　2023 年 8 月第 1 次印刷
书　　号　ISBN 978-7-5594-7873-3
定　　价　39.80 元

江苏凤凰文艺版图书凡印刷、装订错误，可向出版社调换，联系电话 025-83280257